행복의 지도

홋카이도

꽃 파르페 물고기 그리고 당신

신태진 지음

브릭스,

꽃 파르페 물고기 그리고 당신

행복의 지도 - 홋카이도

초판 1쇄 찍은날 2019년 4월 24일
초판 1쇄 펴낸날 2019년 5월 1일

지은이 신태진
사　진 신태진 이수재

편집 이주호 | **발행** 이주호 | **일러스트** 박상림
펴낸곳 브릭스 | **주소** 서울시 성동구 서울숲2길 32-14 갤러리아포레 B112
전화 02-465-4352 | **팩스** 02-461-4348
이메일 admin@bricksmagazine.co.kr | **홈페이지** bricksmagazine.co.kr
페이스북 facebook.com/magazinebricks | **인스타그램** @bricksmagazine
브런치 brunch.co.kr/@magazinebricks

가격 13,000원

ISBN 979-11-962329-9-3 04980
ISBN 979-11-962329-8-6 04980 (세트)

이 도서의 국립중앙도서관 출판예정도서목록(CIP)은 서지정보유통지원시스템 홈페이지(http://seoji.nl.go.kr)와 국가자료종합목록시스템(http://www.nl.go.kr/kolisnet)에서 이용하실 수 있습니다. (CIP제어번호 : CIP2019014683)

행복의 지도
호카이도

꽃 파르페 물고기 그리고 당신

신태진 지음

브릭스,

일러두기

1. 외국어 표기는 외래어표기법에 따랐으나 관용적으로 굳어진 단어나 인명은 그대로 사용했습니다.
2. 본문에서 책은 『』, 영화와 중단편의 글은 「」, 앨범은 《》, 곡명은 〈〉으로 묶었습니다.

三上水産
海鮮丼

수재에게

그녀를 만난 건 비 오는 한남동에서였다.

그녀는 토파즈 블루색 원피스를 입고 있었다.

지금은 없어진 레스토랑의 안뜰에서 그녀는

따로 채색한 것처럼 도드라져 보였다.

그녀는 그날 교정을 마친 잡지의 시안지로 부채질을 했다.

내가 관심을 보이자 그중 자신이 쓴 기사가 실린 페이지를 건네주었다.

나는 그녀의 문장이 좋다고 했다.

양해를 구한 후, 나 또한 그녀의 페이지로 부채질을 하며

비가 내리기 직전의 후텁지근한 공기를 달래보았다.

일행과 함께 술자리를 옮기자 비가 쏟아졌다.

경사를 따라 물안개가 피어올랐다.

세 번째 술자리로 향하며 우산을 나란히 썼고,

서로의 어깨가 닿았다 떨어졌다.

시끄러운 음악이 나오는 홀에서 연락처를 받았다.

다시 만나기로 약속한 건 다음 날이었다.

그녀는 내가 운명을 믿는 사람이라고 생각했다.

그녀가 좋아하던 시인의 색깔이 내게도 있다고 믿었다.

교제를 시작하고 넉 달 후

나는 그녀에게 홀로 삿포로를 다녀오겠다고 했다.

앞으로가 두려울 만큼 영하의 기온이 계속되던 초겨울이었다.

그녀는 내가 그녀를 사랑하지 않아서 혼자 가는 거라 했다.

그녀를 사랑하지 않아서가 아니었다.

그녀와 함께 겨울을 가로지르면

매일의 불안으로부터 무사하리라는 사실을

그때는 미처 몰랐기 때문이었다.

나는 눈이 오지 않는 삿포로에 있었고,

그녀는 이제 막 연인이 된 사람이 자신을 존중하지 않는다는

생각에 참 많이 울었다.

그로부터 4년이 흐른 5월의 어느 날,

나는 그녀와 삿포로에 갔다.

그녀의 품에는 우리 둘 사이에 태어난 아이가 잠들어 있었다.

아내가 좋아하던 시인은 삿포로에 함께 가겠느냐고 묻는다면

그건 "당신을 좋아한다는 말"이라고 썼다.

나는 시인의 색깔에 빚을 졌다.

5월이면 삿포로에 눈이 오지 않아.

벚꽃은 이미 졌고 라벤더는 때 이른 환상이지.

눈 오는 날이면 아이에게 두꺼운 패딩을 입혀야겠다는

생각부터 하게 된 우리잖아.

하지만,

나는 아내에게 말했다,

눈도 꽃도 없는 북국이라도 그곳에 가 보지 않을래?

당신도 삿포로를 좋아했으면 좋겠어.

차 례

1.
눈도 꽃도 없는 북국

11월 말에 부는 바람에 손등이 빨갛게 텄다. 겨울은 왔는데 눈 소식은 없었다. 여기보다 눈이 빨리 올 곳은 어딜까? 나는 한 치 앞도 보이지 않을 만큼 많은 눈을 맞고 싶었다. 눈, 눈이 쌓인 세상은 얼마나 자애로운가. 냉혹해 보이던 세상도 폭설을 맞으면 어쩔 줄 몰라 허둥대는 것 같고, 나는 그 모습을 지켜보는 게 좋았다. 거리를 오가는 사람들의 걸음이 느려지는 것도 좋았고, 내 걸음이 느려지는 것은 더 좋았다. 발밑에서 오도독 작은 열매 씹는 소리가 들려오는 것도, 소리가 날아오르려다 고꾸라지는 것도 좋았다. 가만히 귀 기울이면 눈이 막 옷깃에 닿았다고 속삭여 왔다.

눈 덮인 도시의 사진을 찾아보았다. 지금껏 내가 남긴 발자국이 눈에 덮여 애초에 없던 일이 되는 상상을 했다. 11월 말에 떠나는 홋카이도北海道행 항공권은 내가 또 하나의 벽에 부딪혔다는 증거였다. 나는 빠듯하게 사 마시는 맥주 한 잔을 떠올렸다. 혹여 눈이 오지 않더라도 맥주는 마음껏 들이켜고 올 수 있겠지.

신치토세新千歳 공항에 내리자 집 한 채를 손에 든 도라에몽이 환영해 주었다. 국제선에서 국내선으로 이어지는 통로 3층에 도라에몽 두근두근 스카이파크ドラえもん わくわく スカイパーク가 있다는 안내판이었다. 홋카이도에 도착해 찍은 첫 사진이었다. 도라에몽이 메모리 카드에 들어오자 당신은 일본에 왔습니다, 라는 메시지를 수신하는 것 같았다. 그의 사차원 주머니에 눈이 오게 하는 도구도 들어 있을까? 오후 6시 정각에 출발하는 삿포로札幌행 쾌속 에어포트의 창 너머로 믿음직스럽게 흐린 하늘이 보였다.

기적처럼 폭설이 내릴 수도 있었다. 모든 교통이 끊겨버리고 사무실에는 비행기가 뜨지 않아 돌아갈 수 없다고 전화를 하겠지. 그러고는 일부러 무릎까지 쌓인 눈을 헤치며 걷는 거다. 신발이 다 젖으면 그 핑계로 선술집에 들어가 따뜻한 청주나 차가운 맥주를 시킬 수 있도록.

그 짧은 여행 동안 삿포로에는 눈이 오지 않았다. 손을 뻗으면 손바닥에 성에가 낄 것 같은 새파란 하늘만 실컷 보다 돌아왔다. 돌아온 지 사흘 후, 서울에 많은 눈이 내렸다. 왜 일본까지 다녀온 걸까, 답답한 공기는 그대로였다. 내가 아주 긴 시간을 낭비하고 있는 듯했다. 인생의 벽들, 돌부리들은 하루하루 증식했다. 삼십 대 중반이 코앞이었다. 뭔가를 이룬 적도 없고 이루고자 하는 일도 요원했다. 답답함, 불안함, 낭패감, 혼자이고 싶은지 혼자이기 싫은지 모를 변덕이 차례차례 나를 찾아왔다. 벽에 갇힌 것 같았다. 사소하고 개인적인 문제들, 하지만 매번 걸려 넘어질 수밖에 없는 자잘한 장애물들을 마음껏 넘어 다니는 사람이 되고 싶었다.

벽을 두드리는 일

내가 아는 한, 그와 비슷한 능력을 가진 사람은 한 명뿐이었다. 마르셀 에메의 단편 소설 「벽으로 드나드는 남자」에선 아무런 제약 없이 유령처럼 벽을 통과할 수 있는 뒤티유월이란 남자가 나온다. 갑자기 얻은 신비한 능력에 자신이 병에 걸린 거라고 생각했을 만큼 평범한 사람이었다. 그는 동네 의사를 찾아가 약을 타오기도 했지만, 대부분의 환자가 그러하듯 의사의 처방을 따르는 척하다가 이내 무시해 버렸다.

나는 마음껏 벽을 통과하던 주인공이 결국 벽 속에 갇혀버리는 소설의 결말이 끔찍했다. 몸이 굳고 물에 빠진 것처럼 숨도 쉴 수 없는데 의식은 사라지지 않는다니! 영원히 벽으로 살아가야 한다니! 그러나 비극적 결말이야 어쨌든 벽을 자유롭게 드나드는 능력 자체는 매력적이었다. 세상 모든 벽을 뚫고 다닐 수 있다는 것이 삶의 장애물로부터도 자유로워지는 일 같았다. 소설이 아닌 현실에선 벽에 부딪칠 때마다 그것을 공들여 두드려야 한다는 사실을 알지 못했다.

가족과 함께 5월의 삿포로로 향하면서 눈에 파묻히고 싶었던 11월의 삿포로를 돌이켰다. 내가 할 수 있는 일이라고는 그때 다친 아내의 마음을 조금이나마 다독이는 것뿐이었다. 나는 모든 답을 스스로 알아내지 못하고 그 답이 시간이 흐른 뒤에야 내게 찾아온다는 사실이 부끄러웠다.

5월, 신치토세 공항에서 도라에몽을 다시 만났다. 아이는 착륙 삼십 분 전부터 곤히 잠들어 있었다. 셋 중 누구보다 도라에몽을 반가워했을 텐데.

우리는 삿포로에 도착했다는 메시지를 수신하며 국내선으로 이어진 긴 복도를 미끄러져 갔다.

2.
관람차의 마법

그러니까, 저 위에 떠 있는 건 관람차였다. 네온사인을 엮어 만든 눈부신 목걸이, 비즈 펜던트가 달린 도시의 장신구, 슬며시 기우는 속도에 맞추어 어디선가 오르골 연주가 들려오는 낭만적인 무브먼트. 꿈속에서 보았던 걸까, 분명히 낯설지만 어딘지 익숙했다. 지난밤의 신기루가 이 자리에 약속처럼 나타난 것 같았다.

착각이었다. 난 이미 저 노리아ノリア 관람차를 본 적이 있었다. 그땐 무심하게 걸음을 돌렸는데, 지금은 그의 회전을 따라 마음이 움직였다. 스스키노すすき野로 이어진 지하철 엘리베이터 문이 열리는 순간 아내와 아이는 한 사람처럼 환성을 질렀다. 11월의 삿포로와 5월의 삿포로 간의 차이는 명백했다. 그때는 혼자, 지금은 함께. 풍경의 원근감이 달라졌다. 가족 여행이라면 관람차를 타도 될 거라는, 누구나 그걸 당연하게 여길 거라는 용기가 생겼다.

아내는 여기는 뭐 하는 곳인데 관람차가 나타나느냐는 눈으로 나를 바라보았다. 노르베사ノルベサ라는 쇼핑몰 위에 붙은 관람

차라며 배경지식도 되지 않는 말로 얼버무리는 사이 아들은 유모차에서 반쯤 튀어나와 그쪽으로 손가락을 뻗고 있었다. 저건 관람차라는 거야, 아내는 아이에게 몇 번이고 그 말을 반복해 알려주었다.

공항에서 삿포로역으로, 다시 여기 스스키노역으로 오는 여정은 고됐다. 캐리어 두 개와 짐 가방 세 개, 거기에 유모차까지 동반한 우리는 퇴근하는 인파를 거슬러 다섯 대의 엘리베이터와 십여 개의 계단을 경유하는 긴 통로를 거쳐 왔다. 아기와 함께 집을 떠난다는 것은 보통 수고스러운 일이 아니었다.

하지만 도심 한가운데 솟은 관람차가 기분 좋은 긴장을 불러일으켰다. 휴양지나 테마파크에서나 볼 구조물이 창백한 빌딩과 불야성의 거리 위에 버젓이 서 있다니. 일상도, 이방인의 피로도 한 발자국 뒤로 물러나고 환상이 배턴을 넘겨받는다. 삶의 빛나는 연장전이 시작됐다. 비로소 떠나온 곳과 전혀 다른 곳에 도착했음을 실감했다.

아내는 이 시간 즈음 여행을 시작해서 좋다고 했다. 숙소로 가는 길은 적잖게 남았고, 그동안 우리는 글자 그대로 삶의 무게를 끌고 다녀야 했다. 삿포로의 첫인상이 될 스스키노가 아내에게 최선을 다해 주기를. 이 기분이 몇 분이나마 더 지속되기를.

ポケパラ
デラックス
MYプラザ
No.5 グリ
すすきの

스스키노

삿포로역을 출발해 광화문 대로를 연상케 하는 에키마에도리駅前通를 따라 20여 분을 걸으면 스스키노에 닿는다. 스스키노는 어느 특정한 장소에 공식적으로 붙은 지명은 아니다. 사람마다 '홍대 앞'이라는 말에서 머릿속에 그려지는 지도가 조금씩 다르듯, 스스키노도 8만 제곱미터 남짓한 면적에 형성된 유흥가를 어림잡아 일컫는 말이다. 그 중심엔 스스키노역과 스스키노 사거리가 있다. 교차로에 설치된 거대한 전광판들이 발아래로 빛을 퍼붓고, 신호를 기다리는 잠깐 동안 뒤집어쓴 혼란만으로 마음은 새벽까지 마르지 않는다. 삿포로의 다른 지역에선 자주 눈에 띄었던 쓸쓸함이란 이름의 유령들도 스스키노에서만큼은 되레 날이 밝기를 기다려야 한다.

원래 홋카이도는 일본인이 원주민인 아이누족에게서 연어나 사들이던 변방이었다. 이 태고의 섬이 본격적으로 개발된 것은 메이지 정부가 들어선 이후였다. 1869년에 설립된 '홋카이도 개척사開拓使'는 촌락만도 못했던 삿포로로 이주민을 불러 모았다. 섬은 춥고 척박했다. 공사가 더디게 진행되자 개척사는 노동자들에게 당근이 필요하다고 생각했다. 스스키노는, 개척사가 공식적으로 인정한 유곽이었다. 1877년엔 '삿포로 유곽'이라는 정식 명칭까지 얻었던 이곳은 도쿄의 가부키초歌舞伎町, 후쿠오카의 나카스中洲와 더불어 일본 3대 환락가로 꼽힌다.

그러나 이곳을 찾아온 사람들의 발길을 잡아끄는 것은 클로즈업된 신체나 만화 주인공 같은 헤어스타일을 한 남녀의 사진이 아니라 늦은 시각까지 먹고 마실 수 있는 음식점들이다. 19세기 말부터 유곽에서 일하거나 유곽을 찾는 사람들을 위해 하나둘 식당이 생겨났고, 이제는 퇴근 후 한 잔 걸치려는 정장 차림의 남녀가 찾아와 맥주와 하이볼을 들이켠다.

스스키노 사거리는 호텔과는 반대 방향이었다. 나는 굳이 길을 돌아 스스키노 빌딩에 붙은 닛카 위스키의 거대한 전광판, '킹 오브 블렌더'의 흐뭇한 미소를 아내에게 보여주기로 했다. 아내는 찰칵찰칵 몇 장의 사진을 빠르게 찍어냈다. 바로 옆에는 더 거대하고 더 휘황찬란한 삿포로 맥주 광고판이 맥주 거품을 일으키고 있었다. 오늘 밤 우리가 무엇을 마셔야 할지를 콕 집어 일러주는 듯했다.

거리는 회식과 사교 모임으로 혼잡했다. 관람차의 설렘이 어느새 사그라지는 것일까. 얼른 마시고 집으로 돌아가야 하는 직장인들 사이에서 우리가 더디고 귀찮은 존재로 여겨지리라는 걱정을 떨칠 수가 없었다. 걸음이 빨라졌다. 돌바닥을 구르는 캐리어는 개선 행진곡처럼 우리 위치를 사방에 떠들어댔다. 첫 호텔은 스스키노의 마지노선쯤에 있었다.

오가는 사람이 줄었다는 걸 체감할 만큼 걷자 새벽 3시까지

문을 연다는 카페, 손님과 주인이 담배 연기 자욱한 카운터에 앉아 웃고 떠드는 펍이 나타났다. 유료 주차장은 광활한 면적이 무색할 만큼 텅 비어 있고, 호스트바의 멋쟁이들도 더는 보이지 않았다. 로손Lawson 편의점 두세 군데만 우리를 따라왔다. 호텔은 벌써 졸음에 겨운 표정으로 우리를 기다리고 있었다. 스스키노를 벗어나는 것만으로도 마침내 내가 알던 삿포로에 돌아온 기분이었다.

수프 카레

홋카이도에서 먹어야 할 음식 몇 가지를 추렸을 때, 식단 걱정은 끝났다고 생각했다. 유제품, 게, 가이센돈かいせん丼*, 미소 라멘과 징기스칸ジンギスカン……. 나도 썩 좋아하는 편은 아닌 데다 어렸을 적 정작 게살은 별로 들지 않은 '게맛살'에 질색했던 아내는 지금까지도 찐 게를 먹지 않는다. 홋카이도 명물 요리 중 가장 비싼 메뉴가 리스트에서 빠졌다. 그렇다면 첫 저녁은 무엇으로 할까, 늦가을의 변주곡 같은 5월 밤공기에 따뜻한 국물이 떠

* 신선한 해산물을 세 종류 정도 밥에 올려 간장, 와사비 등과 함께 비벼 먹는 해산물 덮밥. 어부들이 식사 시간을 아끼기 위해 쌀밥 위에 갓 잡은 해산물을 바로 올려 먹은 데서 유래했다고 한다.

올랐다. 많은 이들이 찾는다는 수프 카레 집이 노르베사 쇼핑몰 근처에 있었다.

스스키노 거리는 불과 한 시간 만에 사람이 반으로 줄어 있었다. 다들 어딘가에 자리를 잡은 모양이었다. 툭 치면 쓰러질지 모를 허름한 건물에 수프 카레 집 간판이 달려 있었다. 입구와 면한 뒷골목은 낡은 네온으로 밝힌 미니어처처럼 온통 자줏빛이었다. 수프 카레보다 더 흥미로운 곳들이 주변에 몰려 있었다. 미국 요리 검보를 파는 비스트로, DJ나 랩퍼처럼 차려 입은 남자들의 아담한 이탈리아 식당, 겉보기는 포장마차지만 들여다보면 와인을 팔고 있는 바. 관람차를 타고 꿈속을 유영하는 기분이었다. 분위기에 취한 아내는 나도 이 골목은 처음이라는 말이 마음에 든 모양이었다.

엘리베이터가 식당이 있는 2층에 서지 않아 유모차를 들고 계단을 올라야 했으므로 감상은 거기까지였다. 기다리는 사람이 둘 있었지만 자리는 바로 나왔다. 조명을 낮춘 실내엔 반세기 전 미국풍 소품이 걸려 있었다. 손님의 반은 현지인, 나머지 반은 한국인이었다.

홋카이도산 소 대창과 섬 북동쪽 시레토코知床 반도산 닭구이가 든 수프 카레를 주문했다. 고기와 큼직큼직하게 잘린 채소가 똠얌꿍 같은 국물에 푹 빠져 있었다. 아내는 카레가 일본식과 인도식 사이 어딘쯤에서 배회하는 맛이라고 평했다. 일본식을

ソフトドリンク
1杯無料サービス
生ハム and アスパラ カレー!!
¥1,350
新玉ねぎとソーセージカレー
¥1,200
桜のアイスと三色団子
~黒蜜かけ~
¥300

선호하는 내게도, 인도식을 선호하는 아내에게도 잘 맞는다는 말이었다. 무엇보다 몽글몽글한 대창이 무척 부드럽고 고소해 동물성 지방의 권위를 재고하게 되었다. 거기에 삿포로 클래식 맥주 한 잔. 맥주는 항상 페어링에 연연하지 않는 서글서글한 친구였다.

창가에는 일본인 연인 두 명과 혼자 온 한국인 한 명이 나란히 앉아 식사를 하고 있었다. 연인은 서로 외엔 다른 존재가 필요하지 않았고, 홀로 온 여자는 조카와 영상통화를 했다. 나 또한 이제는 익숙해진 가족과의 여행에 어떤 결핍이 결핍되었음을 깨달았다. 내가 잔을 비우는 동안 아내와 아들은 사이좋게 라시를 나누어 마셨다. 봄의 삿포로란 바로 이런 곳이었을까.

좁은 틈

내게 11월의 삿포로는 외로움으로 읽히는 도시였다. 아마 초겨울의 장난 때문이었을 것이다. 거리는 휑하고 어두컴컴했으며 바람은 심술궂은 청춘 같았다. 아무도 곁에 두지 않겠다고 벼르는데 내게는 그걸 이겨낼 기운이 없었다.

나는 바람을 피해 비집고 들어갈 틈을 찾아다녔다. 좁은 강을 건너서, 공원 산책로를 따라서, 호텔 공조기가 웅웅거리는 뒷골목을 지나서 닿은 곳은 언제나 스스키노였다. 인파와 하나가 되고자 애쓴 것은 이상한 시도였다. 거기엔 내가 끼어들 틈이 한 치도 없었기 때문이다.

화로 연기를 빼기 위해 겨울에도 창문을 열어 둔 이자카야 앞을 지날 때, 닭 날개가 기가 막히게 맛있던 꼬칫집에서 길쭉한 이쑤시개로 탁상 투호投壺를 하며 시간을 죽일 때, 만석인 펍 카운터에 앉아 500엔 동전으로 맥주를 바꿔 마실 때, 누가 일본인더러 조용하다고 했는지 되물으려 애쓸 때, 나는 낯선 도시를 여행한다는 흥분으로도 메울 수 없는 깊은 웅덩이 안에 있었다. 왜 그녀를 떠나 이곳으로 왔을까. 그녀의 집 주변에는 걸어도 걸어도 다 접을 수 없는 긴 산책로가 있었다. 조깅하는 사람들을 먼저 보내며 흙길을 밟다보면 하루의 피로가 실린 아파트 단지의 거실 불빛이 발밑에 어른거렸다. 안도의 한숨 같은 시간이었다. 술과 대화에 발그레해진 얼굴들, 그 화사한 온기를 내게로 옮겨 오기 위해 스스키노를 떠돌았지만, 어디서도 비슷한 시간을 찾을 수는 없었다. 나는 고독을 즐길 줄 아는 사람이 아니었다.

밤의 파수꾼

수프 카레 집을 나와 도토루 커피숍에 들러 단호박 케이크와 아이스커피를 세트로 시켰다. 그게 550엔이었다. 밤 9시 40분이었고, 남자 점원은 영업이 20분밖에 남지 않았는데 괜찮겠냐

물었다. 아이가 단호박에 질리는 덴 10분 정도 걸렸다. 9시 50분이 되자 땀을 뻘뻘 흘리며 매장을 청소하던 여자 점원이 다가와 영업시간이 10시까지라며 다시 한 번 사과했다. 사과를 받음으로써 도리어 사과를 하고 싶게 만드는 마술을 부리고 있었다. 55분에 새로운 손님이 들어왔다. 그들도 주문을 할 수 있었다. 내가 부른 손님도 아닌데 어쩐지 송구한 마음이 들었다. 아이는 카페 안의 누군가를 향해 작별 인사로 손을 흔들었다.

밤거리로 나오자 노면전차 시덴市電을 기다리는 사람들이 보였다. 시덴 정거장은 도로 한복판에 뜬 주황색 섬, 또는 암전 직전의 무대로 보였다. 월요일 밤의 유흥은 '에라, 모르겠다'로 시작했다가 '아차, 내일 출근이었지'로 끝나가고 있었다. 배차 간격이 유난히 길게 느껴질 시각이었다. 피로에 못 박힌 그들의 실루엣은 '도시인'이라는 이름의 설치 미술품 같았다. 우리는 그들을 뒤로하고 앞으로 나아갔지만, 실은 어디로 가야 할지 알지 못했다.

츠타야는 우리를 기다리는 또 하나의 섬이었다. 처음엔 서점인가 하며 기대에 부풀었지만, 비디오와 음반을 대여해 주는 초기 형태의 매장이었다. 그럼에도 스물네 시간 열리는 밤의 사원이 편의점밖에 없는 도시보다는 낭만적이라는 생각이 들었다. 새벽에 편의점에서 마주치는 내력 모를 삶들, 나와 그들의 손에 들린 술이나 인스턴트 음식은 텅 비거나 모두 잠들어 숨죽인 어두운 집을 연상케 했다. 허기가 아니라 음반과 영화를 빌리려고 심야의 거리를 걷는다면, 한밤의 혼란을 다스리기 위해 뭐라도 시도했다는 안도감을 느낄 수 있지 않을까.

츠타야 안에 손님은 없었다. 남녀 점원 둘은 지하철 개찰구 같은 카운터 뒤에 서서 기나긴 밤에 대비하는 중이었다. 나와 아내는 언어를 모르는 외국의 도서관에 들어온 것처럼 진열장 사이를 돌아다녔고, 마트에서 흔히 그러듯 여러 장을 빌리면 할인이 된다는 프로모션에 괜스레 혹하기도 했다. 창밖으로 여전히 불이 꺼지지 않는 스스키노 거리가 보였다. 함께 있기 위해 몰려가는 곳과 혼자 있기 위해 어슬렁거리는 곳이 멀지 않은 거리에 공존했다. 낮이 삶의 전부가 아니며, 중요한 일들은 대부분 밤에 이루어진다는 오래된 격언을 모두가 덜 극적인 상태로 살아내고 있었다.

스스키노를 찾는 사람들

낮이 되면 스스키노는 여기가 어제 그곳이 맞는지 헷갈릴 만큼 변해버렸다. 홍등이 빛나고 긴 줄이 늘어섰던 문 위에 두꺼운 덧문이 씌워졌고, 불 꺼진 창틀에는 먼지가 끼고 기름때가 묻어 주인이 오래전에 도망친 듯한 인상을 주었다. 이른 아침에 술에 취해 동료들에게 끌려가는 사람들이 더러 있기는 했다. 표백된 햇살 아래 어디서 튀어나왔는지 모를 허깨비들이었다. 자전거를 탄 사람들은 그들이 보이지 않는 양 외면하고 페달을 굴렸다. 사실 삿포로를 이런 적적한 이미지가 가득한 곳이라고 기억해 왔다. 삿포로가 좋았던 것도 그 속에서 마주치는 헛헛한 무엇, 쓸쓸함이라 말할 수밖에 없는 낯익은 감정 때문이었다.

그러나 우리는 거의 매일 밤 스스키노를 찾았다. 사람이 너무 많아 질색하기도 했지만 이곳에 오기를 주저하진 않았다. 아마도 엘리베이터 문이 열리며 노리아 관람차가 모습을 드러낸 최초의 순간, 어떤 주문에 걸려버린 모양이었다. 하늘 위로 불쑥 솟은 관람차는 스스키노가 그 경계 밖과는 다른 구역임을 고지하는 거대한 표석이었다. 넘치는 음식, 달콤한 술, 사랑과 우정, 때로는 환락과 거래를 찾아 헤매는 밤의 거리. 해가 뜨고 나서야 잠이 드는 거리. 스스키노는 도시의 욕망을 위해 낮과 밤이 거꾸로 뒤집힌 세상이었다.

べろべろばー
さっぽろ倶楽部
韓国直輸入高貴丸
ビデオ・雑誌・本
たこ焼
お好み焼
焼きそば
べろべろばー

北海道は
サッポロビール
マルハン
人生にヨロコビを
新しいパチンコへ
KIRIN
Coca-Cola
Coke
カラオケ
BIG ECHO
札幌ドームまで
7km
FIGHTERS
ファイターズを見ずに
北海道は語れない!
すすきのビル
くろねこ
Lounge
EVE
HIBIKI
Group
8階
さっぽろっこ
2F
カラオケ

番搾り
すきのビル
キリンビールです。
BLACK
ハイボール
香る夜

3. 랜드마크, 혹은 삿포로의 전부

라일락축제, 신궁축제, 맥주축제, 재즈축제, 불꽃축제, 국화축제, 뮌헨 크리스마스마켓과 몹시 삿포로다운 눈축제. 삿포로 거리를 걸을 땐 심심한 도시라는 인상을 지울 수가 없는데, 알고 보면 꽤 흥 넘치는 사람들이 모여 사는 동네다.

삿포로의 축제는 보통 오도리 공원大通公園에서 열린다. 겨울 조명 축제인 '화이트 일루미네이션'도 마찬가지다. 나는 여행지의 축제를 챙길 만큼 계획성 있게 살아오진 못했다. 그러다가 11월의 삿포로에선 가까스로 화이트 일루미네이션 시즌에 세이프 할 수 있었다.

화려한 이름과 달리 축제의 규모는 삿포로 TV탑 앞 녹지를 한두 블록 차지하는 게 전부였다. 내심 기대했던 휘황찬란한 빛의 폭발은 없었다. (아마도) 강에서 (아마도) 두루미가 물고기를 잡는 모습을 형상화한 조명이 그나마 인상적이었을 뿐이다.

조명처럼 시무룩한 내 마음에 오후 8시의 전광판이 비쳤다. 삿포로 TV탑은 달리 갈 곳 없으면 이쪽으로 와 보지 않겠느냐고 슬며시 권하고 있었다. 전망대로 올라가는 엘리베이터의 유일한 승객이 되어 유니폼 차림의 젊은 여성을 만났다. 그녀는 내가 알아듣든 말든 TV탑의 유래와 전망대의 높이, 엘리베이터의 속도 따위를 조곤조곤 알려주었다. 잘 짜인 스크립트가 있겠지만, 그 말투 덕분에 이 철골 구조물에 친근함을 느꼈다.

전망대를 한 바퀴 도는 데 일 분이 걸렸다. 높은 곳에서 바라봐도 삿포로의 야경은 여전히 적막했다. 끊이지 않는 바람이 도시의 소음을 앗아가기라도 한 듯, 반복되는 자판기 광고 멘트만 유난스러웠다. 입장료만큼의 온기는 챙기자고 기념품 가게로 들어갔다. 온천탕에라도 들어가 있는 것 같은 무사태평한 눈이 곳곳에서 나를 바라보고 있었다.

테레비 아버지

이번 여행의 목표는 아내가 삿포로를 좋아하게 되는 것. 그것은 그녀가 이 도시를 용서하는 일, 아내가 나를 용서하는 일이었다. 삿포로의 랜드마크들은 서로 멀지 않은 곳에 있어서 동선을 잡기 쉽다. 그래서 엄청난 흥분과 기대에 휩싸였다면 좋았겠지만, 숙소를 나서는 아내의 표정에선 시작이니까 유명한 곳부터, 라는 체념이 읽혔다.

삿포로 TV탑은 도심 구석구석 우리를 따라다녔다. 때로는 먼 길을 돌아오다가 아, 저 탑 저편 어딘가에 집이 있으니 방향이 틀리지 않았군, 나침반으로 삼을 수도 있었다. TV탑에 달린, 'PANASONIC' 상표가 붙은 거대한 전자시계는 굳이 휴대전화를 꺼낼 수고를 덜어 주었다. 그 예스러운 발광다이오드는 눈앞에 보이는 시대를 한 세대쯤 전으로 돌려놓는 재주도 있었다.

처음엔 저 시계가 없으면 탑이 더 그럴싸해 보이겠다고 생각했지만, 자꾸 보다 보니 저 시계가 있음으로써 TV탑이 다른 유수의 타워와 확연히 구분이 된다는 걸 인정할 수밖에 없었다. "높은 곳에 시계를 달면 누구나 보게 될 거다." 파나소닉의 전신인 '마쓰시타 전기'의 창업주 마쓰시타 고로스케松下幸之助는 시계를 기증하며 그렇게 예상했다. 덕분에 이젠 거의 잊힌 파나소닉이란 회사가 삿포로에서만큼은 머릿속에 확실히 남게 되었다.

"전망대에 올라갈 필요는 없겠지?"

아내는 삿포로 TV탑이 보일 때마다 반가워하면서도 전망대에 오르는 건 망설이고 있었다. 나는 아내의 물음에 글쎄……, 라고 말을 흐리며 '저기에 아이가 좋아할 만한 게 있긴 한데' 하고 나 자신부터 설득해 보았다.

TV탑 기념품점에서 만났던 무사태평한 눈, '테레비 아버지テレビ父さん'를 아들의 취향과 겹쳐 본다. 테레비 아버지는 수박바처럼 생긴 몸에 아저씨 얼굴을 대충 그려 넣은 삿포로 TV탑의 '비공식' 캐릭터다. 이 유루캬라ゆるキャラ*는 삿포로의 랜드마

1:20
丸井今井

크임에도 불구하고 엄청나게 뜨겁지는 않은 삿포로 TV탑의 인기 안에서 그나마 많은 지분을 차지하는 장본인이었다.

TV탑은 완공되기도 전인 1956년 첫 TV 전파를 쏘아 올리며 화려하게 등장했지만, 15년을 채우기도 전에 TV탑으로서의 기능을 상실하고 말았다. 삿포로 서쪽 데이네산手稲山 정상의 송신소가 위치 면에서나 높이 면에서나 신호를 뿌리는 데 효율적이었기 때문이다. TV탑으로 태어났지만 TV탑으로 하는 일은 없다는 운명은 유루캬라에도 젖어들었다. 원래 삿포로 TV탑의 공식 캐릭터는 '타왓키タワッキー'라고 하는, 역시 수박바는 수박바인데 머리에 일본 특유의 왕눈이 달린 녀석이었다. 실눈을 뜨고 보면 오징어 외계인이 떠오른다. 이게 인기가 있으면 이상한 것이다.

타왓키 출범 두 달 후, 눈코입은 누구라도 따라 그릴 수 있고 네 가닥 수염 정도가 약간 난이도 있겠다 싶은 캐릭터가 등장했다. 어느 공방의 의뢰로 이 캐릭터를 그린 원작자는 원래 이름을 '테레비탑 씨テレビ塔さん'로 지었는데, 캐릭터를 완성했다고 알리는 메일에서 '塔(とう토우)さん'을 쓰려다가 같은 발음으로 읽히는 '父(とう토우)さん'이 잘못 입력되는 바람에 지금의

* 느슨하다는 뜻의 ゆるい와 캐릭터キャラクター의 합성어. 지역 또는 랜드마크를 상징하는 캐릭터를 이른다.

이름인 '테레비 아버지テレビ父さん'가 되고 말았다. 원작자는 그걸 또 '뭐, 이걸로 됐지'하는 심정으로 그냥 보내 버렸으니, 테레비 아버지는 태생부터 느긋한 존재였던 셈이다.

어쨌든 공식 캐릭터인 타왓키를 단번에 누를 정도로 테레비 아버지의 인기는 어마어마했다. 그러니 사측도 '공식'이란 훈장을 테레비 아버지에게 수여할 만도 한데, 비공식 캐릭터가 공식 캐릭터보다 인기가 좋다는 아이러니를 마케팅 전략으로 내세우고 있다.

말벌과 옥수수

커다란 말벌 한 마리가 주위를 배회하고 있었다. 아이는 "벌(레), 벌(레)"하면서 무서워하는지 반가워하는지 모를 목소리로 저공비행에 심취한 곤충을 가리켰다. 말하려던 건 벌레였는데, 말하고 나니 녀석의 이름을 제대로 불러버린 격이라 우리는 황급히 자리를 떴다. 말벌이 전망대에 오르지 않을 이유를 만들어 준 덕에 삿포로 TV탑으로부터 1.5Km가량 시원하게 뚫린 오도리 공원을 따라 걷기 시작했다.

"삿포로도 은근히 나무가 많은 거 같아. 여긴 공원이라 더 그렇겠지만."

"원래 이 근방도 다 숲이었을 거야. 지금도 홋카이도의 70퍼

센트는 숲이래."

"도시에 나무가 많으면 좋더라. 포틀랜드도 그랬고, 치앙마이도 그랬지."

삿포로를 소개하려는 나의 의도와는 달리 아내는 예전에 여행했던 도시를 떠올리고 있었다. 그러지 않으면 삿포로는 어떤 특징을 잡아내기 힘든 면이 있었다. 공원을 일직선으로 만들어 놓았다는 게 신기하긴 하지만, 그건 이곳이 원래 화재를 막는 방화선防火線이었기 때문이다.

삿포로의 초안을 그린 사람은 개척사에서 고용한 시마 요시타케島義勇라는 관리였다. 그는 장차 홋카이도의 중추가 될 삿포로를 세계적인 도시로 만들고 싶었다. 일본의 역사는 항상 대화재와 동행했는데, 그래서 그가 가장 먼저 도면에 그려 넣은 것도 폭이 100m가 넘는 길쭉한 방화선이었다. 이후 홋카이도 개척사를 돕던 미국인 고문단이 이 널찍한 공간에 꽃을 심자는 다소 낭만적인 제안을 한다. 그러고 나서 둔전병* 주둔지와 연병장도 설치하고, 농업 박람회나 학교 운동회도 열어 보고, 전쟁 중엔 감자를 심어 먹기도 하다가 지금의 공원이 되었다.

초안자의 의도대로 세계적인 도시의 공원에까지 이르진 못

*농민이자 군인으로 평소엔 농사 등 생업에 종사하다가 유사시엔 전투에 참여했다.

했지만, 오도리 공원은 시민의 휴식처, 크고 작은 이벤트의 개최지로 분주한 날들을 보내고 있다. 뛰어다니는 게 세상 전부인 아이들, 분수대에서 튀어 오르는 물방울을 세는 일조차 즐거운 연인들, 벤치에 앉아 책을 들여다보거나 사람 구경에 매진한 사람들, 입을 벌리고 낮 꿈에 빠진 사람들, 따로 목적지가 있지만 부러 공원을 통과하며 한가로운 기운을 받으려 애쓰는 사람들이 이곳으로 모여든다. 그런데도 붐비지 않고 여백은 넉넉하다. 나는 황량하기까지 했던 11월의 화이트 일루미네이션을 떠올리며 아무래도 오늘의 풍경이 낫다는 생각을 했다.

아마 아들에게도 오도리 공원은 의미 있는 공간이었을 것이다. 공원 한쪽 자그마한 수레에서 삶은 옥수수를 팔고 있었다. 한 개에 300엔이라는 놀라운 가격이었지만, 한 번 손에 쥐면 절대 놓지 않을 만큼 옥수수를 좋아하는 아들은 드디어 삿포로에서 제대로 된 미식을 즐길 수 있었다. 설탕물에 삶았는지 어땠는지, 홋카이도 특산품 중 하나인 옥수수는 몇 번 씹기도 전에 입안에서 사라질 만큼 부드럽고 달곰했다.

"여긴 일본이 아닌 것 같아."

아이가 흘린 옥수수 낟알을 줍는 내게 아내가 말했다.

"오래된 미국 도시 같달까. 우리가 갔던 곳과 비교하자면, 시애틀 정도?"

한 톤 낮은 녹색과 회색 조, 강철 빔과 강화 유리로 지은 최선

건물의 부재, 일직선으로 뻗은 대로에서 느껴지는 시야의 확장감. 삿포로의 거리는 분명 합리적이고 효율적이라는 인상을 주었다. 나는 아내의 말에 동의하며 묘한 역설을 느꼈다. 처음 삿포로의 레이아웃을 그렸던 이의 의도는 그와 정반대로 동양의 정신에 있었기 때문이다.

동양 정신

시마 요시타케가 삿포로의 모델로 삼은 도시는 교토京都였다. 그는 세계적인 도시라면 무릇 '동양의 정신'이 깃들어야 한다고 주장했고, 교토의 유구한 역사가 곧 동양의 정신이라고 여겼다. 하지만 역사를 옮겨다 놓을 순 없는 노릇이었다. 그는 거리의 형태만이라도 교토를 닮길 바라며 삿포로의 격자 도로를 구상했다.

그가 동양 정신이 세계적인 도시를 만든다고 생각한 덴 이유가 있었다. 교토의 거리 또한 고대 중국 도읍이었던 '장안長安*'을 본뜬 것이었다. 바둑판처럼 가로 세로로 나뉜 도로, 사방의 각 구역을 방坊이라는 단위로 나누어 관리하는 효율성, 이 모든

*지금의 시안西安.

것이 이천 년 전 경전인 『주례周禮』에서 "도성은 무릇 이렇게 지어라." 선언한 그대로였다. 그 덕분인지 장안성은 당나라 시대에 전성기를 맞으며 인구가 100만 명에 이르렀다. 전 세계에서 가장 큰 도시 중 하나였고, 동양과 서양 문물이 만나는 국제도시였다. 한자를 쓰는 나라들에선 '장안'이라는 말이 곧 '수도'라는 의미였다. 우리말엔 아직까지 "장안의 화제"라는 관용구가 남아 있다.

동양이란 말에서 부드러운 곡선, 흘러내려 오는 물줄기의 형태, 우연성과 무작위성을 떠올리는 사람들에겐 삿포로가 스트리트와 애비뉴로 도로를 구분하는 미국의 도시 체계를 닮았다고 생각할 만했다. 그러나 우리가 보고 있는 것은 실제론 동양 정신의 재현이었다.

인형의 집

삿포로의 시계라면 어쩐지 눈이 오는 시간도 알려줄 것만 같다. 오후 4시엔 함박눈, 새벽 2시엔 도둑눈. 종소리는 쌓인 눈을 털고 하늘로 퍼져나갈 것이다. 아주 먼 세상의 일처럼 먹먹한 울림을 남기고.

삿포로 시계탑은 높은 건물 사이에 파묻혀 있어 눈에 잘 띄지 않았다. 시계탑을 둘러싼 낮은 담장 한쪽엔 사진 찍기 좋은 위치라며 강단이 하나 놓여 있었다. 사람들은 줄을 서서 흰색 판자 외벽과 벽돌색 박공지붕, 그리고 미국에서 특별히 공수해 왔다는 시계를 한 장의 사진 안에 옮겨 담았다. 안개 낀 템스 강변에서 떼 온 듯한 가로등이 운치를 더해 주었다.

세상의 눈앞에 동양의 힘찬 정신을 보여주려고 애쓰던 시마 요시타케는 얼마 안 가 예산 탕진이라는 현실에 봉착했다. 그는 해고당했다. 삿포로 건설의 마침표를 찍은 건 개척사가 조언을 구한 외국인들, 그리고 그들에게 교육을 받은 일본인들이었다. 파란 눈의 고문단은 도로를 격자로 만든다는 평면도를 보며 동양의 정신을 느끼진 못했을 것이다. 일본인들도 서구의 기술과 문화를 적극적으로 삿포로에 이식했다. 삿포로는 값비싼 인형의 집이 되었다.

삿포로 시계탑에서 10분 거리에 있는 홋카이도 구 본청사北海道庁旧本庁舎도 거대한 모형 중 하나였다. 미국 매사추세츠주 의사당과 흡사한 이곳은 이국적 척도에 따라 점수를 매긴다면 10점 만점이었다. 우리는 정원 정문으로 들어가 매혹적인 붉은 벽돌을 눈으로만 만져보고, 유모차를 들고 입구 계단을 오르긴 번거롭다고 판단하여 주차장 쪽으로 퇴장했다. 이 건물도 큰불에 전소된 적 있었다. 정원에 남아 있는 인공 연못 두 군데가 방화수였다고 하는데, 하필 겨울이라 연못이 얼어붙어 물을 끌어다 쓰지 못했다. 비공식이 공식보다 공식적인 도시, 동양의 뿌리 위

로 무성한 서양식 줄기가 자라난 도시, 연못 자체가 방화수인데 물이 얼어 도청을 태워 먹은 도시.

삿포로 최고의 랜드마크는 사실 아이러니가 아니었을까.

와요카시

롯카테이六花亭는 서양식에 일본풍을 가미한 디저트, 와요카시和洋菓子로 유명한 곳이다. 웨하스를 세워둔 듯한 10층짜리 건물 안에는 같은 회사가 운영하는 갤러리, 콘서트홀 등이 있다. 건물 전체가 이들의 소유이니 외관이 과자를 닮은 것도 이해할 만했다.

아내가 찾아낸 롯카테이는 지금껏 내가 안내한 곳들과는 다른 의미에서 삿포로의 명소였다. 이쪽이 훨씬 흥미롭다는 것은 2층 직영 카페가 만석이라는 사실로도 확인할 수 있었다.

1층 홀은 언뜻 갤러리 같기도 하고 대형 휴게소의 기념품 매장 같기도 했다. 선물용 상자와 선물하는 김에 사는 사람도 하나 먹어보라는 낱개 포장이 간택의 순간을 기다리고 있었다. 그 주변으로 성별과 연령이 고른 손님들이 작품을 감상하는 표정으로 걸어 다녔다. 테이블 간격이 넓어 유모차를 끌고 다녀도 부대끼지 않았다.

커다란 전면 유리창 너머로는 정원이 보였다. 소나무와 관목,

덩굴나무까지 그 옛날 삿포로의 뼈대가 세워졌던 이시카리石狩 평원의 숲을 케이크 조각처럼 잘라서 옮겨둔 것 같았다. 창으로 비치는 햇살을 타고 고즈넉한 기운이 밀려들었다.

“쇼케이스 안에 있는 저게 맛있어 보여.”

냉장 식품이라서 선물용 포장은 안 된다는 두 가지 아이스 샌드를 골랐다. 초콜릿 비스킷 사이에 구운 치즈 케이크가 들어간 ‘유키콘치즈雪こんチーズ’는 그 이름부터 매력적이었다. 그러고 보니 꽤 여러 사람이 유산지에 싼 아이스 샌드 하나씩 손에 쥔 채 동그마니 서서 그 맛을 보고 있었다. 어쩐지 부스러기 한 점 흘리면 안 될 것 같은 분위기지만 누구도 개의치 않았다. 옥수수만큼 치즈를 좋아하는 아들도 그 작은 디저트를 몇 점 받아먹으며 콧노래를 불렀다. 입안엔 치즈향, 눈에는 초록빛, 귀에는 달콤한 흥얼거림…….

반나절 동안 걸어다닌 바둑판 같은 이 도시는 아내에게, 그리고 내가 삿포로에 간 동안 홀로 남았던 그녀에게 어떤 말을 걸었을까. TV탑도 시계탑도 말벌과 옥수수가 있던 공원도 랜드마크라고 부르기엔 너무 수수했다고, 감상은 거기까지였을까? 내가 화이트 일루미네이션과 나누었던 서먹한 교감을 아내도 고스란히 치러야 했을까?

“유키콘치즈는 보기와 다르게 속이 부드럽네. 마루세이 아이스 샌드マルセイアイスサンド는 밖은 촉촉한데 안에는 또 되직하고.”

아내의 말대로 삿포로는 반전의 연속이다. 일본의 고도古都들과는 분명히 다르고, 동양적이지도 그렇다고 완벽히 서양식이지도 않다. 삿포로도 일종의 와요카시였던 것이다.

눈이 아주 많이 오는 날이었다면 확고한 인상을 받았을까? 알 수 없는 일이었다. 그저 이런 걸 자주 먹을 수 있으면 좋겠다고, 아이가 남긴 마지막 조각을 우물거리며 나는 고개를 끄덕였다.

4. 우연의 재즈

〈Stockholm Sweetnin'〉이 흐르고 있었다. 카페는 네 평, 넉넉하게 봐 줘도 다섯 평을 넘지 않았다. 정성 들여 바니시를 바른 나무 벽이 조명을 받아 불그스름하게 빛나고, 세월에 부드럽게 길든 가죽 의자도 갈색으로 반들거렸다. 앰프 볼륨은 자그마한 공간이 벅찰 만큼 높았다. 음악이 반, 담배 연기가 반. 재즈 시대에 숨 쉬던 사람들은 바로 이런 공간을 찾아다녔던 게 아닐까.

손님은 중년 남자 혼자였다. 계단에 가려진 그의 자리에서 때때로 담배 연기가 피어올랐다. 남자는 음악이 흐르고 있다는 사실을 전혀 모르는 사람처럼 태연하게, 최소한의 움직임으로 신문을 읽고 있었다. 주인은 프랑스제 담배 상자 안쪽 면에 손으로 쓴 메뉴를 건넸다. 카페오레가 눈에 띄었다. '다방연구소喫茶店研究所'라는 가게 이름대로 카페보단 다방에 가까웠고, 그런 곳엔 역시 카페라테가 아니라 '카페오레'가 있는 거구나, 생각했다. 주인은 커피를 만들며 재즈에 맞춰 몸을 흔들었다.

커피는 흰 잔에 나왔다. 테이블 위에 있던 작은 도기 안엔 각

설탕이 들어 있었다. 스푼으로 설탕을 꾹꾹 눌러 녹이며 어지럼증을 느꼈다. 재즈 때문인지 담배 연기 때문인지 이 작은 공간이 내 안으로 넘어져 들어왔다.

"어떻게 알고 오셨어요?"

조금 전 카페로 들어설 때, 주인은 더듬더듬 한국말로 인사했다. 얼굴만 보고도 내 국적을 알아차린 모양이었다. 한국 사람이 카페에 온 건 처음이라 했다.

"우연히 지나다가……."

"우연이라면 더 감사한 일이군요."

주인은 줄무늬 티셔츠 위에 얇은 비닐 조끼를 입고 뿔테 안경을 쓰고 있었다. 아침에 자다 일어난 그대로 가게를 연 듯 수더분한 차림이었다. 40대 후반에서 50대 초반이 아닐까. 사람됨도 무던할 인상이었다. 그는 우연이란 말을 한 번 더 중얼거리곤 넉넉하게 웃다가 실례라도 했다는 듯 갑자기 묵례를 했다. 동네 아저씨에서 갑자기 일본인이 된 듯한 정중한 몸짓이었다. 나도 허둥지둥 고개를 숙였다.

고맙다는 말을 해야 하는 쪽은 나였다. 분명 그랬다.

コカコーラ
梅 100

우연의 우유

아내는 나만큼이나, 아니, 그 이상으로 우연이라는 말을 좋아한다. 예감, 직감, 우연. 그 모든 말들을 아내는 손에 쥔 카드 패처럼 유심히 살펴보곤 한다.

나와 아내 사이에도 우연이 하나 있었다. 비 오는 한남동에서 만나기 4년 전, 우리는 파리로 향하는 같은 비행기에 타고 있었다. 한 시간마다 기내를 돌아다니지 않으면 좀이 쑤셨기 때문에 한두 번은 서로의 얼굴을 스쳐 갔을 수도 있다. 어떻게 한날, 같은 편수에 몸을 싣게 된 걸까? 더군다나 아내에게 파리는 경유지였다. 다른 공항을 거쳐 목적지인 피렌체에 갈 수도 있던 것이다. 무엇도 우연을 보장하지 않고, 우연에게서 우리를 보호할 수도 없다. 그것은 그저 우리에게 성큼 다가올 뿐이다.

"여기, 책에서 본 곳 같아."

에키마에도리를 따라 걷다 별생각 없이 방향을 튼 참이었다. 아내는 공룡의 화석 같은 주차장 건너편에서 어쩐지 눈에 익은 카페를 '우연히' 발견했다.

"바리스타트Baristart라니, barista와 start는 그리 좋은 조합이 아니지 않나?"

내가 물었다.

"barista와 art의 합성어일걸?"

그러고 보니 art만 색깔이 달랐다.

그다지 특색 없는 건물의 1층이 회색 벽돌과 농가를 연상케 하는 목재 포인트로 꾸며져 있었다. 환풍기, 가스계량기, 정체를 알 수 없는 전선이 뒤엉킨 배경 속에서 제 공간을 떼어 스윽 앞으로 내민 느낌이었다. 책에서 본 곳이 아니었더라도 이곳을 그냥 지나칠 수는 없었을 것이다.

카페는 네 사람 정도가 나란히 앉을 바와 작은 화장실이 전부였다. 대신 바깥에 벤치가 놓여 있었는데, 기념사진을 남기는 사람들에겐 이 벤치 쪽이 인기였다. 카운터에는 '산지'가 적힌 종이가 한 장 놓여 있었다. 원두를 고르는 거겠거니 하는 생각은 적당히 사실적으로 그려진 소 그림 앞에서 무너졌다. 이곳에선 원두가 아니라 우유를, 그것도 세 종류나 고를 수 있었다.

"홋카이도 각지에서 생산한 우유인가 봐. 하코다테函館, 도카치十勝, 비에이美瑛."

그 먼 이름들로부터 평원의 진한 풀 내음이 불어오는 느낌이었다.

일본은 1854년 개항 후 미국으로부터 연유와 분유를 수입해 마시기 시작했다. 그러다가 아예 젖소를 데려와 진짜 우유를 대량으로 생산해 보자는 계획을 세웠다. 그 젖소들을 어디서 기를까, 그곳은 당연하게도 홋카이도였고, 지금도 홋카이도는 유제품 생산지로 널리 알려져 있다.

산미, 바디, 향미 등으로 원두 맛을 표현하듯 우유에도 맛의 지표가 있었다. 하코다테 우유는 단맛과 감칠맛이 중간쯤. 비에이 우유는 풍미가 좋지만 보통의 우유보다 거친 느낌. 도카치 우유는 붙어 있는 딱지도 '스페셜'이라 단맛도 우수, 감칠맛도 발군. 물론 도카치산 우유가 가장 비쌌다. 고객들은 우유를 먼저 고르고 나서 커피에 타거나, 밀크티로 만들거나, 그냥 그대로 마시거나 하며 메뉴를 완성했다.

우린 영국산 젖소인 저지Jersey종에서 짰다는 도카치와 비에이 우유로 카페라테를 주문했다. 돈을 내고 나니까 어쩐지 멀뚱히 서 있는 아들이 안쓰러워 우유만 한 잔 더 시켰다.

"더 고소하고 풍미가 있어. 내가 완전 좋아하는 맛이야."

아이에게 뭘 줄 때 본능적으로 먼저 맛을 보고 건네는 습관을 따랐을 뿐인데 아내의 표정이 밝아졌다. 흰 우유를 별로 즐기진 않는 나도 뭔가 맛이 다르다는 걸 알 수 있었다. 하지만 아들도 커피와 우유 중 자기 것이 무엇인지를 분명히 구분했다. 엄마와 아빠가 자기 우유를 마신다는 걸 깨달은 아들은 컵을 내놓으라 시위하기 시작했다.

"카페에 가면 애 건 고르기가 쉽지 않았는데, 우유만 파는 게 좋다."

"우연히 찾은 곳에서 우유니까, 우연의 우유네."

아내의 표현이 마음에 들었다. 카페라테도 평소에 마시던 것보다 훨씬 풍미가 있었다.

주로 아메리카노를 마시는 나는 삿포로에선 유독 우유 넣은 커피만 시키게 됐다. 유제품을 그냥 먹기는 부담스러우니 커피와 함께 즐기자는 심리였다. 그러고 보면 11월의 재즈 카페에서 마셨던 커피도 카페오레였다. 카페라테도 아니고, 프랑스식으로 메뉴를 만든 이유는 무엇이었을까? 나는 지금 삿포로에 있고 당장 가서 확인해 볼 수도 있었다. 그곳의 분위기, 재즈, 담배 태우는 냄새와 건조한 히터 공기가 그립기도 했다. 하지만 불과 몇 정거장 거리에 있는 그곳에 갈 수 없다는 걸 알았다. 현실적인 이유만 들어도 흡연이 가능한 카페에 아이를 데리고 갈 순 없었다. 무엇보다 다시 그곳에 간다는 건 헛되이 추억을 복기하는 일일 뿐이었다. 오늘의 우연은 바로 여기, 바리스타트까지였다.

아, 디, 동 블루스

다방연구소의 주인은 삿포로엔 어떻게 왔는지, 혹시 학생인지, 여행 중이라면 무엇을 했는지 물었다. 우리가 듬성듬성 대화를 나누는 와중에도 신문 읽는 남자는 줄곧 우리의 존재를 알아차리지 않고 있었다.

주인은 평소 말이 많은 사람 같진 않았다. 수요일 오후, 그 자신에겐 루틴이 되었을 카페에 평상시 볼 수 없는 유형의 손님

NO COFFEE
COFFEE
COFFEE

BARISTART
COFFEE
HOKKAIDO
Biei Jersey
LATTE
TEA LATTE
MILK
FLAVOR
Vanilla / Caramel
アラビカ ブレンド
ARABICA BLEND
ESPRESSO
AMERICANO

이 나타났을 뿐이다. 어쩌면 그도 우연의 작동방식에 관심 있는 사람인지 몰랐다. 처지를 바꾸어 내가 꾸린 가게에 우연히 찾아온 손님이 그라면, 그가 나의 공간에서 반색하는 표정을 지었다면? 나와 주인이 나눈 감사하다는 말은 서로가 아니라 우연을 주관하는 작고 장난기 넘치는 작은 신을 향한 것이었다.

"원래는 모이와야마 전망대もいわ山展望台에 가려고 했어요."

그가 흥미를 느낄 만한 내용은 없었으나 나는 이야기를 시작하고 말았다. 그날은 일찍 눈이 떠진 편이었다. 씻지도 않고 내려간 식당은 이미 나갈 채비를 마친 이들로 북적였다. 그들은 잘 다린 정장, 마무리까지 끝낸 화장으로 나보다 앞선 시간을 살고 있었다. 밥에 연어 알을 올리고 와사비와 함께 비벼 먹었다. 두 잔째 커피에 크림과 설탕을 부었을 즈음 식당은 거의 비어 있었다. 문득 높은 곳에 올라가고 싶어졌다.

스스키노역에서 노면 전차를 탔다. 구식 연두색 차량 안엔 점잖은 노인 네 분과 의자 위에 비정상적인 자세로 누워 있는 청년이 있었다. 아침까지 술을 마시다가 전차를 탔고, 그 상태로 몇 바퀴째 돌고 있는 모양이었다. 출근할 나이인지 등교할 나이인지, 잊을 만하면 지하철 2호선을 타고 순환하는 친구가 생각나 반가웠다. 청년은 그렇게 몇 정거장 더 숙면을 취하다가 전차사업소에서 나온 정복 차림의 직원들에게 끌려나갔다. 그는 자기가 전차를 탔다는 사실도 기억하지 못하는 표정이었다.

ST
248

나는 그다음 정거장인 로프웨이 이리구치역ロープウェイ入口駅에서 내렸다. 오키나와 요리를 판다는 식당을 지나 로프웨이의 출발 정거장인 모이와산로쿠역もいわ山麓駅에 도착했다. 표지판 하나가 나를 기다리고 있었다.

"로프웨이 점검이었어요. 돌아서 내려오다가 여기를 발견했고요."

주인은 의아한 표정을 지었다. 어떻게 정기점검도 확인하지 않았느냐가 아니라 무엇 하러 전망대에 오르려 했느냐는 의미 같았다. 그러고 보면 애초에 케이블카로 산에 오를 계획은 없었다. TV탑에서 도심을 내려다본 것으로 조망은 충분했다. 호텔 식당의 분주함에 휩쓸려 뭐라도 더 해야 한다고 느끼게 됐던 걸까? 목적 없이 무작정 걷기만 하다 보니 조바심이 났던 걸까? 그래서 더 높은 곳에 올라가 보자는 욕심이 생겼던 걸까? 주인은 별말이 없었다. 나는 그걸 그렇게 애쓰지 않아도 된다는 의미로 받아들였다. "괜찮아요, 대신 여기에 왔잖아요." 그런 말까지 들었다고 생각했다.

주인은 신문 읽는 남자의 두 번째 커피를 내리러 작은 바 안으로 돌아갔다. 지금 흐르는 LP 앨범의 재킷이 카운터 위에 꽂혀 있었다. 재즈 베이시스트이자 첼리스트인 오스카 페티포드가 1960년 코펜하겐에서 녹음한 앨범 《My little cello》였다. 그는 한국전쟁 당시 위문 공연을 왔다가 아리랑에 감명을 받아 뉴

욕에 돌아간 후 〈Ah-dee-dong Blues〉라는 곡을 만들기도 했다. '아리랑'을 잘못 기억하고 '아디동'이라 썼지만, 그래서 정작 한국에서는 이 곡의 존재를 한참 후에야 알게 됐지만, 그런 아티스트의 음악이 나온다는 게 어떤 의미를 지닌 것도 같았다. 오스카 페티포드는 《My little cello》를 발매하고 두 달 후, 코펜하겐에서 죽었다. 태어난 곳은 미국이었는데 어쩌다 그 높은 곳까지 올라가고 만 걸까. 그가 튕기는 저음이 가슴을 훑고 지나갔다. 쉽사리 두근거리지 못하는 나를 재즈가 움직이고 있었다. 그새 조금 식은 카페오레에선 진한 우유 맛이 났다.

인연에 관하여

지난 우연들이 서로 이어져 있음을 깨닫는 순간이 있다. 인연과 운명을 믿는 건 착각이 아니다. 종교도 미신도 아니다. 그것은 다짐이다. 나는 이 믿음이 인간을 계속 살아가게 하는 건 아닐까 생각한다.

11월의 삿포로에서 돌아온 어느 날, 파리를 여행하며 쓴 노트를 뒤적이다가 아는 분의 소개로 갔던 일식당에 관한 메모를 발견했다. 동굴 같은 지하에서 처음 보는 파리지앵 두 명과 합석했고, 나온 음식은 중화요리에 가까웠다. 국적이야 어찌 됐든 요리는 훌륭한 곳이었다. 나는 이렇게 쓰고 있었다.

"이 멋진 식당의 이름은 '홋카이도'였다. 언젠가 홋카이도에 가게 될 모양이다."

다방연구소의 작은 공간엔 유독 파리와 관련된 소품이 많았다. 일본에서 파는 숱한 담배 중 하필 프랑스 담배인 지탄Gitanes을 메뉴판으로 재활용한 것부터 그랬다. 그래서 불현듯 파리에 다시 가고 싶어지기도 했다. 홋카이도에선 파리를, 파리에선 홋카이도를. 나는 동떨어진 시간과 장소가 내 안에서 서로 이어져 있었음을 알게 되었다.

한국에 대한 오스카 페티포드의 기억은 아리랑의 '아'에서 그쳤지만, 그는 우리의 음악을 서구에 처음으로 소개한 인물이 되었다. 카페 주인은 가게에 처음으로 나타난 한국인 손님에게 한국과 인연이 닿았던 재즈 뮤지션을 소개해 주었다. 그도 나도 우연히 찾은 하루였다. 나는 그 후로 꽤 오랫동안 페티포드의 연주곡을 찾아들었다. 동떨어진 인물들이 시대와 시대가 겹친 광장에서 마주 서 있는 느낌이었다.

비행기가 샤를 드골 공항에 내리자 나와 그녀는 오늘의 우연을 먼 훗날 발견하기로 하고 다른 길을 걸었다. 그리고 그 길은 몇 년 후 비가 내리던 서울 하늘 아래서 약속처럼 교차했다. 이제 우리는 단일 항로를 날고 있다.

파리, 파리행 비행기, 홋카이도, 눈, 삿포로, 재즈, 오스카 페티포드, 아리랑, 카페오레, 카페라테, 우유, 우연의 우유. 나는

파리, 프랑스

그 모든 단어를 하나의 실로 엮는다. 그리고 거기에 인연이라는 이름을 붙여 본다.

플라잉 홈

"사진을 찍어도 될까요?"

나는 다방연구소의 주인에게 카메라를 들어 보였다. 주인은 흔쾌히, 그러나 약간은 쑥스러워하며 포즈를 취했다. 커피를 내리면서 그렇게 몸을 흔들던 사람이. 얼마나 흥겨운 몸짓이었는지 나는 그가 드럼을 치고 있는 줄 알았다. 셔터가 열렸다가 닫히자 앨범이 바뀌고, 신문을 읽던 남자도 고개를 들었다.

"마스터, 이게 무슨 곡이죠?"

"〈Flying Home〉. 1954년 보스턴 하이햇 클럽에서, 색소폰엔 소니 스팃이라고……."

삿포로엔 눈이 오지 않았고, 전망대는 정기점검으로 문을 닫았다. 문득 집으로 날아가기 전, 오타루小樽에라도 가볼까 하는 생각이 들었다. 혹여 그곳엔 눈이 내릴지도 모르니까.

"사진을 찍어 줄게."

아내와 아이를 바리스타트 앞 벤치에 앉히고 건너편 주차장 앞에 섰다. 두 사람은 각자 커피와 우유를 들고 앳된 포즈를 취했다. 지나가던 사람들이 우리를 번갈아 보았고, 어떤 이는 발길을 돌려 커피를 주문하기도 했다. 내 상상 속의 그는 누군가에게 오늘 우연히 들어간 카페에 관해 이야기하고 있었다.

바리스타트엔 재즈가 흐르지 않았다. 우리가 집으로 날아갈 날은 아직 멀었다. 그래도 우연의 우유를 마셨으니 오후엔 오타루에 가는 게 맞겠지. 5월의 오타루에 눈이 올 리는 없지만 나와 아내, 그리고 아이 세 사람을 꿰고 지나갈 새로운 우연이 기다리고 있지 않을까, 나는 기대하고 있었다.

&
merry

OFFEE
お好み焼

5.
오타루 산책

삿포로역을 출발한 열차는 북서쪽으로, 이시카리만을 향해 달리기 시작했다. 내가 지금껏 듣지 못했고, 들었다 하더라도 금방 잊혀버렸을 낯선 역 이름이 우리에게 다가왔다가 멀어졌다. 소엔桑園, 고토니琴似, 데이네手稲, 호시미ほしみ, 제니바코銭函…….

삿포로에서 멀어질수록 차창 밖으로 흐르는 도시의 밀도도 낮아졌다. 높은 건물이 사라졌다. 도심에선 흉물 취급받았을 공장과 창고 몇 채가 갑작스레 나타났다. 미적인 면을 고려하지 않은 거대한 구조물들이 도시 외곽에 군집을 이루고 있었다. 그러다가 장식용 미니어처 같은 이삼 층짜리 아파트*가 연달아 나타나 넋을 잃고 지켜보기도 했다. 어둡고 깨끗한 유리창 안엔 사람 대신 빨래와 화분, 고양이만 사는 것 같았다.

나는 열차가 미련 없이 떠나보내는 낯선 이름들이 그리웠다. 당장 열차에서 내려 아는 것도 없고 알아야 할 것도 없는 익명

---

* 일본에선 가벼운 재료를 써서 지은 중저층 다세대 주택을 '아파트'라 부른다. 한국에서 아파트라고 할 때 떠올리는 고층 철골 콘크리트 주택은 '맨션'이다.

의 장소를 걷는다면, 그건 시간을 버는 일일까 버리는 일일까. 평범한 사람들이 평범한 삶을 살아가는 평범한 장소에서 해가 질 때까지 산책하다 동네 식당에서 저녁을 먹고 돌아온다면, 그건 여행일까 허울만 바뀐 일상일까. 때때로 나는 여행 중 스치는 장소, 예컨대 이나호稲穂나 호시오키星置라는 작은 동네에 '내'가 한 명 더 존재하고, 그래서 그가 어떤 삶을 어떻게 살아내고 있는지 엿봐야 한다는 충동에 사로잡히기도 한다. 그라고 해서 대단한 인생을 살지는 않는다. 현재의 삶에서 색조만 살짝 바뀌었을 뿐이다. 마침내 열차가 제니바코역을 지나며 육지를 털어버리자 나는 또 다른 내가 작별 인사도 하지 않고 떠나버린 양 코끝이 시큰해졌다.

이시카리만까지 밀려들어 온 동해는 낯익기도 하고 낯설기도 했다. 열차가 경사를 만나 바다 쪽으로 기울었다. 해수면이 높아지며 바닷물이 이쪽으로 쏟아질 것 같았다. 아니면 내가 그쪽으로 쓰러질 것 같았다. 작은 낚싯배가 소리치면 돌아볼 만큼 가까웠다. 아내의 눈은 삿포로를 떠난 지 얼마 되지 않아 성큼 달라진 풍경에서 떨어질 줄 몰랐다. 아들도 시야 한쪽에 푸른 기가 가득 차오르자 유모차에서 허리를 들어 창밖을 바라보았다. 하지만 이내 지루해졌는지 시트에 몸을 기대며 무덤덤한 표정으로 돌아갔다. 오타루는 추억, 낭만, 상실 같은 말을 상기시킨다. 아이가 무심한 건 그 말이 아직 어른들의 전유물이기 때문이었다.

바다가 한 걸음 물러선 틈에 무채색 항만이 비집고 들어왔다. 오타루칫코小樽築港, 오타루칫코……, 스피커에서 흘러나오는 목소리는 어떤 감정에 북받쳐 말끝을 흐리는 듯했다. 우리가 내릴 역은 미나미오타루역南小樽駅이었다. 역사와 승강장을 잇는 구름다리는 밑동부터 삭아 가는 나무 벽이고, 창고는 문이 굳게 닫혀 이제 아무도 열어 보지 않는 듯하다. 시간을 들여 어떤 그림을 그리려고 애쓰는 덩굴, 무성한 수목에서 뻗어 나온 이파리들은 먼지를 뒤집어써 탁한 빛깔이었다. 기차는 오래전에 벌어진 사건처럼 이미 보이지 않았다.

엘리베이터도, 에스컬레이터도 없었다. 심호흡을 하고 유모차를 들어 계단을 올랐다. 산책을 시작하기에 버거운 무게는 아니었다.

기억을 부르는 소리

철도 건널목, 기차역만큼 낡은 목조 주택, 신호등에서 울리는 휘파람 소리, 8, 90년대풍 간판, 햇살이 대자로 누운 포장도로. 바람은 습기를 머금고 차가웠다. 행인은 드물었고, 가게마다 그림자가 드리워져 동네 전체가 문 닫은 듯 보였다. 구피를 닮은 개가 그려진 이발소의 상호는 '아메리칸 하우스アメリカンHOUSE'였

다. 그 옆집, 런치 메뉴가 훌륭한 경양식 식당의 이름은 시대옥時代屋, '지다이야'였다. 나는 이를 '오래된 집'이라 해석해 보려 했는데, 지금이야 그렇다 치고 처음 가게를 열 때는 무슨 의미였을까? 먼 훗날 바로 오늘 같은 날을 기다리며 오래오래 동네 학생들, 가족들, 맥주꾼들의 한 끼를 책임지겠다고 다짐했던 걸까?

어디선가 기적 소리가 들려왔다. 일인이역 배우처럼 건물들이 옷을 갈아입었다. 메르헨 교차로メルヘン交差点였다. 한 세기 전에 지어진 건축물, 가스램프처럼 생긴 구식 가로등, 청동색으로 칠해진 인도 보호 기둥과 목재 벤치 들. 교차로의 별칭인 메르헨Märchen은 독일어로 '동화'라는 뜻이다. 나중에 아내는 교차로에 서는 순간 지금까지 조금 시큰둥했던 홋카이도 여행이 새로운 국면을 맞았다고 고백하기도 했다.

우리가 방금 들은 기적 소리는 1993년, 캐나다의 시계 학자 레이먼드 선더스Ramond Saunders에게 특별히 의뢰한 증기 시계 소리였다. 이 소리를 들으면 작은 모형 기차가 이제 막 여행을 시작하는 것 같기도 하고, 어린아이가 플루트를 서툴게 연습하는 것 같기도 하다. 기적은 15분마다 한 번씩 울린다. 부지런하고 시간을 잘 지키는 사람들을 위한 시계일 것 같다. 그렇게 생각하니 어쩐지 독일인이 떠오르고, 오타루 사람들도 그런 연상을 했던 걸까. 교차로의 예명을 독일어로 지은 시기와 시계를 들여

온 시기가 엇비슷하다고 한다.

증기 시계가 서 있는 자리는 바로 오타루 오르골당小樽オルゴール堂 앞이었다.

증기 시계와 오르골엔 공통점이 있다. 오르골의 메커니즘은 본래 시계에서 왔고, 오르골을 만들던 이들도 시계 장인이었다. 둘 다 고풍스러운 외관으로 사랑을 받고 소리가 향수를 자극한다는 점도 닮았다. 삿포로처럼 오타루 사람들도 어지간히 시계를 좋아하는 사람들일 수 있겠지만, 이곳 증기 시계만큼은 의도가 확실해 보였다. 이 세계적인 오르골 전문점은 증기 시계 앞에 절로 멈춰선 행인들을 다시금 환상 안으로 이끄는 데 매번 성공하였다.

증기 시계가 아니더라도 오르골당은 우리에게 중요한 장소였다. 아이가 두고두고 태엽을 감을 오르골을 사 주자고, 여행 전부터 부모의 마음을 지갑 안에 채워 왔기 때문이었다.

삼 층짜리 거대한 석조 건물로 들어서자 어른의 감수성부터 태엽이 감겼다. 바닥, 기둥, 서까래와 들보까지 온통 짙은 색 나무로 지탱되는 공간엔 어렴풋이 먼지 냄새가 흘렀다. 조도는 허밍을 부르듯 낮았고, 그 아래 보석 같은 음악상자가 반짝였다. 관람차, 회전목마, 기차역, 동물원, 집과 정원, 보석함, 스노우볼, 곰과 토끼, 고양이와 강아지, 부엉이와 나무, 심지어 초밥까

지 케이크를 쌓듯 진열된 오르골은 각양각색이었다. 테이블마다 다른 음악을 틀어 놓아 서로 겹치지 않으면서도, 어디로 움직이든 반드시 한 곡은 듣게 되었다.

오르골 연주는 내 귀의 물리적 깊이보다 훨씬 깊은 곳, 나의 가장 연약하고 부드러운 부분까지 와 닿는 것 같았다. 내가 듣고 있는 모든 소리가 외부의 음이 아니라 기억이 소환되는 울림인지도 모른다는 생각이 들었다. 오르골당은 기억의 정거장이었다. 등 뒤에서 흐르는 요한 파헬벨의 〈Canon in D Major〉를 들으며, 나는 오타루까지 오는 동안 차근차근 진행된 모든 개인적인 역사의 재생을 마주하였다.

기억 하나

우리가 "크리스마스 상점"이라고 부르던 퀘벡시티의 크리스마스 소품 가게는 실제로 그 이름부터 '크리스마스 상점La Boutique de Noël'이었다. 그녀와 함께 그곳에 들어섰을 때, 나는 어디선가 비슷한 곳을 보았음을 깨달았다. 그로부터 1년 전인 11월, 혼자 홋카이도를 여행하며 들렀던 오타루 오르골당이었다. 차분한 조명도 나무로 실내를 지탱하는 건축술도 아롱거리는 빛도 공간의 주제도 너무나 흡사했다. 음악만 오르골 음악에서 캐럴로 바뀌어 있었다. 그녀는 캐나다 몬트리올에서 반년 가까이 프랑스어 연수를 받는 중이었다. 나는 그 일정의 마지막 한 달을 그녀와 함께 보내기 위해 몬트리올에 왔다. 퀘벡시티로의 여행은 이를테면 여행 중의 여행이었다.

도시 곳곳에 웃는 호박이며 허수아비며 거죽을 뒤집어쓴 유령의 형상이 떠돌아다니는 핼러윈 기간이었지만, 상점 안만큼은 온전히, 일 년 내내 크리스마스였다. 문 하나를 지나면 가을에서 겨울로 넘어왔다. 마음의 난로에 쌓인 먼지가 순식간에 털려 나가고 빨간 열기가 피어올랐다. 반짝이는 천사 문고리와 작은 열차가 돌아다니는 모형 마을과 별을 단 구상나무가 사방에서 우리를 내려다보았다.

"당신의 매일이 즐겁고 찬란하기를, 당신의 모든 성탄절이 새하얗기를."

경건하고 부드러웠다. 막역하진 않지만 친근한 영혼을 지닌 누군가에게 저녁 초대를 받은 듯 두근거리는 마음으로 예의를 갖췄다.

크리스마스 가족 영화를 좋아했으나 그건 그 영화들이 나의 삶과 동떨어져 있기 때문이라 여겼다. 그녀와 나는 하얀 지붕에 반짝이는 가루가 뿌려진 집 모형을 구경했다. 스위치를 켜면 창문에 불이 들어왔다. 그녀는 이 집에 사는 가족들이 벽난로 앞에 옹기종기 모여 있다가 이제 막 따뜻한 침대 안으로 들어갔다고 했다. 때때로 세상의 어떤 장소는 밑도 끝도 없는 환상을 제시하지만, 나는 거기에 쉽사리 마음을 맡겨선 안 된다는 고집에서 한 발짝도 벗어나지 못하던 사람이었다.

점원이 작은 겨울 마을에서 뚝 떼 온, 하얀 집을 정성껏 포장했다. 이런 마법 같은 집이 나에게도 주어질까? 이 집은 그녀와 내가 함께해야 할 시간의 은유였다. 퀘벡시티는 너무 멀어서 다시 오기 힘들겠지, 대신에 '크리스마스 상점' 비슷한 곳이 그나마 가까운 곳에 있어, 거기선 오르골을 팔아. 그리고 나는 덧붙였다.

"언젠가 우리 사이에 아이가 생기고, 그 아이가 음악을 즐기는 나이가 되면 그때 다 같이 가 보자."

아이는 엄마 손 위에서 돌고 있는 오르골을 황홀하게 바라보았다.

기억 둘

눈 내린 풍경에 이끌리는 설명할 수 없는 감정 또한 영화에서 온 것 같다. 「사랑의 블랙홀」에서 하루가 영원히 되풀이되던 마법에서 벗어난 빌 머레이가 앤디 맥도웰과 맞이한 새하얀 아침, 브루스 윌리스가 테러범들이 탄 비행기를 라이터 하나로 폭파하고 낄낄거리던 크리스마스이브의 워싱턴 공항. 장르나 장소는 종잡을 수 없고, 오로지 눈이 내리거나 내렸다는 것만 공통

Waldbronn

적인 장면들. 그 같은 취향 속에서도 약간 다르게 기억되는 작품 하나가 있다.

대학에 들어가자마자 참여했던 이박삼일 오리엔테이션 기간엔 눈이 잔뜩 내렸다. 숙취에 시달리는 복학생들이 쓰러져 있는 교육관을 뒤로하고 드문드문 헐벗은 나무가 심긴 야트막한 언덕을 올랐다. 아마 지루한 일정 하나에서 지루한 일정 둘로 옮겨가던 중이었겠다. 발자국은 눈 위에 기차 한 대가 굴러간 흔적으로 남아 있었다. 어리바리한 신입생도, 그들을 인도해야 하는 재학생도 전날 밤부터 싹 틔우기 시작한 어색한 관계의 공기 속에서 술기운 절은 미소를 유지하려 애썼다. 그래서 누구도 앞서간 무리가 남기고 뒤에 올 무리가 답습할 발자국 행렬에서 벗어날 생각을 못 했다.

그때, 무라카미 하루키와 재즈, 버드와이저를 좋아하던 한 선배가 까슬까슬한 눈 결정을 놀라게 하며 언덕 위를 뛰기 시작했다. 선배는 일본어로 "잘 지내시나요"를 두세 번 소리치다가 눈밭에 쓰러졌다. 나는 그 형이 어떤 영화의 어떤 장면을 흉내 내는지 알기는 했지만, 그 영화를 보지는 못했다. 사람들은 그 연기가 익살스럽고 훌륭하다며, 그 장면을 누구나 잘 알지 않느냐는 식으로 웃었다. 제 조를 이끌던 타과생도 이쪽으로 다가와 호기심을 보일 정도였다. 나도 그들인 척, 영화의 의미를 다 아는 척 웃을 수밖에 없었다.

문제의 그 영화는 그로부터도 일 년쯤 더 지나서야 보게 되었다. 나는 나카야마 미호란 배우가 일인이역을 하고 있다는 것을 극이 삼십 분 가까이 흐르고 나서야 깨달았다. 여주인공이 설원에서 죽은 연인에게 안부와 작별을 전하는 그 유명한 장면이 실제론 그렇게 인상적이진 않다는 사실에 나의 감수성을 의심하기도 했다. 설국 배경으로 유명한 영화를 물었을 때 사람들이 - 심지어 나조차도 - 열 손가락 어디선가 한 번은 꼽을 작품에 끌리지 않는다니, 「다이하드2」에서도 낭만을 찾는 사람치곤 이상한 일이었다. 이건 지나치게 입소문을 탄 무언가를 일단 경계하고 보는 버릇 때문이거나 아니면 그 선배가 보여준 연기가 영화를 묻어버릴 만큼 인상적이라서겠거니 하였다.

이와이 슌지 감독의 「러브레터」는 홋카이도에 오기 전에 아내와 함께 다시 보았다. 거의 16년 만이었다. 11월의 삿포로에 홀로 갈 때도 이 영화를 볼까 했지만, 모든 여행 책자가 빠지지 않고 언급하는 작품이라 어쩐지 피하고 싶었다. 하지만 긴 공백 후에 돌아온 영화는 16년 전과는 다른 색깔을 띠었다. 내가 가고 싶어진 곳은 (홋카이도를 여행하는 주제에 당연한 일이지만) 클라이맥스 설경 신을 촬영한 나가노현長野縣의 야쓰가다케 목장八ヶ岳牧場이 아니었다. 이츠키네 가족이 파느니 마느니 올근볼근했던 이츠키의 집이었다. 거기엔 이름이 같은 동창생에게 가야 할 편지가 배달되고, 마르셀 프루스트의 소설 『잃어버린

시간을 찾아서』가 반납을 기다린다. 집배원을 만나거나 모르고 지나쳤던 첫사랑을 귀띔하기 위해 찾아온 후배들을 맞이하려고 정원까지 나가야 하는 지난 시대의 수고스러움도 나는 문밖에서 흘끗거리고 싶었다. 그런데 그 집이 10년도 더 전에 불타 없어졌다는 이야기를 들었다. 이제 오타루행 열차가 바다를 만나기 전에 지나쳤던 제니바코역에 내릴 이유가 영원히 사라진 것이다.

나는 제니바코와 철도로 이어진 고토니, 데이네, 호시미 같은 지명도 다시금 떠올려 보았으나 그곳을 걸을 일 역시 앞으로도 없었다. 「러브레터」는 동명이인에게 잘못 전달된 편지가 실은 그에게 갔어야 마땅한 편지였다는 로그라인으로 움직이는 영화다. 하지만 내게 이 영화는 "내가 아닌 '나'에게 쓰는(혹은 도착한) 편지"라는 알레고리로 작용한다 - 20년 전 지어진 이나호의 아담한 목조 아파트 2층에 살지도 모르는 또 다른 나에게 안부를 묻는다. 평행선 위의 유년 시절이나 학창시절의 에피소드를 유쾌하게 들려준다. 과거에 묻혀 잃어버린 기억을 찾아내기도 한다. 꿈은 무엇인지, 당신도 나와 같은지, 그 꿈을 위해 뭔가를 하고 있는지 채근도 한다. 마지막으로 내 곁에 있는 사람의 마음을 모른 채 거기에 상처 냈던 순간을 다른 버전의 나는 반복하지 않았으면 좋겠다고 다짐시킨다. 결국, 이런 상상이라도 없으면 나는 나에게 안녕하냐고 묻지 못할 사람임을 재확인한다.

郵便
POST

「러브레터」는 여자 이츠키가 『잃어버린 시간을 찾아서 - 되찾은 시간』과 그녀가 그려진 도서대여 카드를 든 장면에서 끝난다. 쑥스러움과 애틋함, 뒤늦은 상실감에 휩싸여 있지도 않은 주머니를 찾는 이츠키의 모습, 나는 「러브레터」만큼은 설경이 아니라 이 낙엽 쌓인 마지막 신으로 기억할 것이었다. 그건 그것 나름으로, 눈에 파묻히고 싶은 기분에 사로잡혔던 치기 어린 한 남자가 비로소 한 발 앞으로 나아갈 수 있음을 상징하는 일이었다. 아니, 그렇게 거창하진 않더라도 그저 오타루에 다시 오면서 한 영화의 가치를 16년 만에 되찾았다는 것만큼은 분명했다.

당신이 아니었으면 보지 못했을

아이가 칭얼거리기 시작했다. 들고 있던 회전목마 오르골을 계산대로 가져갔다. 오르골을 포장하는 점원의 손길은 능숙했다. 역시 어디선가 본 적 있는 손짓, 환상을 집까지 무사히 가져가게 하려는 크리스마스 요정과 난쟁이의 정성이었다.

아이를 달래며 허둥지둥 움직이는 사이 나와 아내도 몸이 무거워졌다. 말수가 줄었고, 갑자기 목표를 잃은 사람처럼 허탈했다. 메르헨 교차로의 절반은 그늘에 가려져 있었다. 아직 자기 지분을 다 포기하지 않은 햇살이 우리가 가려던 쪽을 빛으로 닦아놓고 있었다. 길 건너편에 시대를 가늠할 수 없는 탑이 하나서 있었다. 탑 위의 돔 지붕은 피렌체 두오모의 큐폴라를 작게 본뜬 듯하면서도 건물 전체는 프랑스 중부 어디쯤 있을 작은 교회를 떠올리게 하는 곳. '친애하는 오타루의 탑La Tour Amitié Otaru', 명성 높은 디저트의 신전, 르타오LeTAO였다.

오타루역 앞 중앙로中央通り와 운하 주변에 늘어선 역사적 건축물과 이질감 없는 이 탑은 르타오의 본점으로서 1998년에 세워졌다. 1912년에 축조된 길 건너 오르골당과도 놀랄 만큼 잘 어울린다. 이들이 마주 보는 교차로는 말 그대로 '메르헨'하다.

건물 앞에는 거대한 시비詩碑가 하나 놓여 있었다. 다지마 다카히로田島隆宏는 태어나고 20여 일 만에 소아마비로 신체의 자유를 잃어 평생 침대형 휠체어를 타야 했다. 하지만 엄청난 고통도 우리가 감당할 수 있음을, 서로가 서로에게 기댈 때 그 불가능한 도전이 성공할 수 있음을 시로써 노래했다.

그가 1998년에 출간한 사진 시집(그는 케이블릴리즈를 입에 물고 사진을 찍었다) 『노래가 들려온다』는 르타오의 창업자 가와고에 세이고河越誠剛에게 감명을 주었고, 가와고에 세이고는 시인의 희망과 용기의 메시지를 자신의 새 사업에 투영하고자 이 시비를 세웠다.

"슬픔이 많으면 그만큼 사람을 생각하게 되고

고통이 많으면 그만큼 사람에게 상냥하게 된다네"

- 다지마 타카히로, 「인생이라는 여정」에서

아내와 내가 서로 부드러운 위로 한 마디를 건네야 할 때라고 시가 넌지시 말을 걸어왔다. 육아와 여행의 피로가 부부 사이에 무뚝뚝함으로 쌓이는 걸 막을 만한 '상냥함'은 어떤 것일까. 우리는 2층으로 올라가 테라스에 자리를 잡았다. 걱정 많은 직원은 바람이 쌀쌀한데 괜찮겠냐고 몇 번을 물어 왔다. 나는 언제 울음을 터트릴지 모르는 아이를 가리키며 "노스탤직 모던Nostalgic Modern과 노선 스위츠 매너Northern Sweets Manner를 위해서"라고 답했다. 둘 다 르타오가 표방하는 브랜드 테마였다.

심술궂은 바람 때문에 테라스는 텅 비어 있었다. 매장과 테라스 사이의 좁은 문턱을 넘는 동안 아이는 완전히 잠이 들었다.

소박한 꽃밭을 옮겨 온 홍차의 향, 케이크와 잘 어울리는 진한 커피. 딸기 밀푀유는 낙엽처럼 바스락거리며 사라졌고, 몽블랑은 아담한 큐폴라를 닮아 무너트리기 미안했다. 거리에서 웅성대는 소리가 아주 먼 '노스'에서 '노스탤지어'를 몰고 와 '스위츠' 하게 내리깔리는 듯했다.

혼자 왔을 땐 르타오에 들어올 엄두를 내지 못했다. 이 유럽풍 건물 안에 케이크 말고 무엇이 더 있을까 궁금했다. 이제 메르헨 교차로와 사카이마치[堺町]가 내려다보이는 이국적인 전망이 있다는 걸 알게 되었다. 나는 아내에게 당신이 아니었으면 보지 못했을 장면이라고 말했다. 나는 그 말이 케이크의 가장 보드라운 부분보다 상냥하기를 바랐다.

르타오의 꼭대기에는 반원형 창문이 사방으로 뚫린 전망대도 있었다. 유모차를 가져갈 순 없어 아내와 번갈아 다녀왔다. 옛날 오타루의 어느 등대에 종 하나가 달려 있었는데, 어떤 사람이 소중한 이가 바다로 나갈 때마다 그 종을 울리며 다시 만나길 기원했다고 한다. 부두는 관광지와 거리 두기라도 하려는지 삭막을 자처했다. 노스스타 트랜스포트 주식회사의 거대한 사일로 창고는 무정한 마음으로 쓴 현대의 시였다. 벽체에 크게 새겨진 문자는 어떤 미사여구도 동원되지 않은 '중앙 사일로'뿐이었고, 그 몇 글자가 원통형 저장고 안에서 대양의 저편 어딘가로 옮겨질 사물들의 긴 여행을 암시하고 있었다. 그러다가 창살 사이로 아래를 내려다보면, 유럽과 일본의 구시가지가 조우한 사카이마치의 단란한 얼굴이 시야에 온기를 부여해 주었다. 어쩌면 부두는 풍파로부터 이쪽의 낭만을 지켜주기 위해 무심을 가장하는지도 몰랐다.

3층에서 다시 만난 아내와 피렌체 두오모에 올라갔다 온 것 같다는, 단순히 외관만 비슷한 게 아니라는 이야기를 나누었다. 아내는 피렌체에서 1년 반 유학을 했고 나 또한 피렌체를 여행

한 적 있었다. 하지만 둘 다 두오모의 큐폴라에 올라가진 않았다. 우리는 서로를 위해 그곳을 남겨두고 왔다며 웃곤 했다. 아내는 다시 말수가 줄어들었으나 그건 피로 탓이 아니었다. 오르골당에서 내게 찾아왔던 기억의 재생이 이제 아내에게 벌어지고 있었다.

그녀의 기억

아내는 아사쿠사 다리浅草橋에서 사진으로 익히 봐 왔던 오타루 운하를 프레임 안에 넣었다. 물길을 따라 늘어선 벽돌 창고들, 바지런히 자리를 바꾸는 잔수면의 능선과 등성이들, 그 위로 잘게 부서져 미끄러지는 가스등 불빛들. 산책로의 여행자들은 그림자를 업고 걸어간다. 탁, 탁, 걸음을 옮길 때마다 기분에 맞장구치는 포석 위로 떠오를 듯 말 듯 기척만 느껴지는 옛 추억들. 그녀는 문득 피렌체에 머물던 시절 짬을 내어 여행했던 암스테르담을 떠올렸다.

펑퍼짐한 오타루의 옛 창고와 동화풍 물감으로 채색한 날렵한 암스테르담의 주택은 닮은 구석이 전혀 없었다. 하지만 두 장소를 비교하는 마음은 현실을 받아들이지 않았다. 어쩌면 운하까지 오는 동안 들렀던 기타이치홀北一ホール의 캄캄한 실내에서 암스테르담의 '브라운 카페Bruine kroeg'들을 떠올렸는지도 모

른다. 그녀가 들어간 카페는 '좁은 곳't smalle'이란 이름이었다. 작은 테이블 위에 올라온 치즈 한 접시와 하이네켄 한 잔. 그러고 보니 하이네켄과 삿포로 맥주는 색만 다르지 별을 로고로 쓴다는 공통점이 있다. '이곳'에서 '그곳'을 떠올리라고 누군가 미리 정해놓은 건 아닌가, 그녀는 즐거운 혼란을 느꼈다. 초밥집에서 맥주를 한 잔 마시고 운하를 보러 왔다는 행보도 그녀의 마음은 그때와 닮았다 말하고 싶어 했다.

여행이 부드럽게 과거를 향해 등을 미는 순간, 아내는 주저하지 않고 그 기억 속으로 들어갔다. 암스테르담의 운하엔 눈이 잔뜩 쌓여 있었다. 언젠가 눈이 없는 암스테르담에 가게 된다면 '그곳'에선 다시 '이곳'을 떠올리게 될까.

남편은 다리 난간에 카메라를 올려놓고 야경을 찍고 있다. 잠에서 깬 아이는 유모차에 기대 흔들리는 가스등 불빛을 눈으로 좇는다. 오타루의 건물들이 유난히 낡고 슬퍼 보인다. 그 쇠퇴한 풍경에 휩쓸려 속절없이 과거로 빠져드는 걸지도 모른다. 아내는, 그녀는 벌써 해가 져버렸음을 아쉬워했다.

스시, 터미널 그리고 운하

보티첼리가 참고했을 것 같은 완벽한 형태의 가리비가 숯불 위에 익어가는 모습이, 자연스레 뭐라도 먹어야겠다는 욕구를 불러일으켰다. 매번 그 조개구이에 침이 고이고 나서 저녁을 먹었다. 정작 조개를 먹지 않는 이유는 나도 모를 일이지만, 이미 우린 초밥집을 찾아 언덕을 오르고 있었다.

메르헨 교차로에서 운하까지 이어지는 750m 거리가 사카이마치다. 베이커리, 유리 공방, 소품 가게, 문방구 같은 캐릭터 상점, 이탈리안 식당, 해산물 식당, 대게 식당, 주전부리를 파는 포장마차와 갤러리, 흔하디흔한 기념품 숍까지. 건물도 제각각, 매장도 제각각인데 사카이마치 전체를 하나로 묶는 어떤 화풍이 있었다. 시에서 나온 공무원들이 으쌰으쌰 여기를 무슨 무슨 거리로 조성하자고 나선 결과만은 아닐 것이다. 일본 내에서도 꽤나 이국적이었을 사카이마치의 풍물은 이상하리만치 원래 그네들 문화인 양 자연스럽게 보였다.

마루야마鮨まるやま라는 초밥집에는 4인용 좌식 테이블 넷과 흔히 '다찌'라고 부르는 주방 앞 카운터 석 네 자리가 있었다. 좌식 테이블 넷은 우리를 포함해 모두 한국 사람들이 차지했고, 카운터 쪽 네 자리는 전부 일본인들이었다. 친구들이 말하길 한국에서도 참치 집 같은 데 가면 '다찌'에 앉아 실장의 단골 눈도장도 찍고 팁도 오가고 퍽 희귀한 부위를 얻어먹으며 술잔과 함께 세상 이야기도 나눈다고 한다. 나는 참으로 그런 주변머리도, 참치 집에 가는 저녁과도 먼 삶이라 흔해 빠진 그 기술이 신비롭기만 하다. 마루야마에선 어디서 왔느냐는 질의응답으로

시작해 갑자기 술 이야기로 넘어가 버리는 사장과 현지 손님들(서로 모르는 사이였다) 간의 대화에 비슷한 샘을 느꼈다. 하지만 우리 식으로 말하자면 '모둠 초밥'이라 할 수 있는 초밥 한 접시는 해가 저물어 가는 항구의 바람처럼 차가웠고, 신선했다. 삿포로 클래식 맥주는 여전히 무엇과도 잘 어울렸다.

초밥집을 나오고 나서는 모든 일이 빨리 일어났다. 해가 졌고, 저녁 시간 내내 푹 자며 땀을 흘린 아이는 찬바람을 맞으면 안 될 몸이었기에 우리는 바람을 피해 문 닫기 20분 전의 오타루 운하 터미널小樽運河ターミナル에 들어섰다. 얼핏 성당처럼 보이는 맞은편 건물의 실루엣 사이로 서늘한 땅거미가 졌다. 마지막 남은 청분홍빛이 그 주변으로 도톰하게 부풀어 올랐다.

터미널에 입점한 양과자점 아마토우あまとう에서 간식을 사고 아이의 땀이 식길 기다렸다. 미쓰비시 은행의 오타루 지점旧三菱銀行小樽支店이었던 터미널 내부는 어릴 적 화장실에 가기 위해 들렀던 시외 고속버스 터미널과 닮아 있었다. 얼룩이 진 벽에 녹슨 진열대가 휘청거리고, 바닥의 타일은 반들반들하게 닳았다. 주차장에 정렬한 버스는 마지막 운행을 앞두고 침침한 헤드라이트를 켜고 있었다. 간이식당의 직원들은 분주히 마감 중이었고, 문 닫는 시각을 3분이나 넘겼음에도 우리에게 별다른 주의를 주지 않았다. 아이가 다시 바닷바람에 맞설 수 있을 만큼 땀이 식자 우리는 역장으로 보이는 남자의 묵묵한 인사를 받으며 터미널을 나섰다.

그러고 간 곳이 오타루 운하였다. 아내는 암스테르담이 떠오른다고 말했다. 이 도시를 걸어 다니는 회상의 신이 우리 한 사람 한 사람에게 손을 뻗었다. 신의 손끝은 과거부터 현재까지 포개진 기억의 밀푀유를 한번에 관통하고선, 빽빽한 서류철 속에서 우연히 발견했다는 듯, 마침내 이츠키에게 돌아온 도서대여 카드 같은 어느 낱장을 꺼내 보여준다. 우리는 어쩔 줄 모른다. 그건 분명 우리의 것이었기에.

오늘, 오타루 산책은 잘 짜인 플롯 위에 있었다. 나는 열차에서 잿빛 공장을 보았다. 은퇴를 코앞에 둔 역을 나서자 바싹 마른 아스팔트 위에 연약해 보이는 아파트가 늘어서 있었다. 증기시계를 보았고, 오르골 연주를 들었다. 인연이 없다고 생각했던 탑 꼭대기에도 올랐다. 상아색 벽돌로 지은 몇 채의 빌딩을 눈여겨보았다. 폐쇄된 철로인 옛 데미야선旧手宮線을 지나며 다음엔 이곳을 걸어보겠다고 리스트를 늘려 놓았다. 창고를 개조한 레스토랑과 박물관이 등 뒤로 멀어졌다. 운하에서 물 흐르는 소리도 들리지 않았다. 멀리 보이는 타워 크레인이 과거투성이인 이 도시를 미래로 한 걸음 견인하고 있었다. 우체국은 남은 추억을 어딘가 멀리 부쳐주겠다는 듯 여전히 문 열고 있었지만, 관광객과 무관해 보이는 골목에선 내가 당분간은 열지도 알지도 못할 어떤 삶이 저녁 술잔을 기울이고 있었다.

부지런한 사람들은 벌써 이 도시를 떠났고 아직 미련이 있는 사람들은 운하 주변을 서성였다. 역으로 가는 언덕길은 새벽처럼 비어 있었다. 아케이드도 대부분 문이 닫혔다. 천장에 달린 백색 조명만 헛되이 통로를 비추고 있었다. 우윳빛 감도는 그 빛으로 인해 한산함이 도드라졌다. 자, 이제 과거로의 여행은 끝났습니다. 집으로 돌아가세요.

공간도 제 나름의 방식으로 시간을 축적한다. 활보하던 사람들의 대화, 입김, 짐을 실은 수레와 햇살이 벽에 비치던 모양을, 바닥을 기웃거리던 그림자를 기억한다. 그리고 장소에 남겨진 시간의 잔영들은 때때로 우리에게 말을 걸어온다. 그렇게 오타루가 말을 걸어온다. 과거의 이야기에 관해, 잃어버린 시간과 되찾은 시간에 관해.

차장이 문 앞에서 뒤쪽을 향해 수신호를 보냈다. 덜컹 헛기침과 함께 열차가 움직이기 시작했다. 나는 나란히 앉은 아내의 손을 잡았다. 그녀가 내 어깨에 머리를 기댔다. 불과 몇 시간의 산책이었지만, 우리는 정말 먼 곳까지 다녀온 느낌이었다.

← 洋のフロア
北一ホール →
Excellent!

6.
편의점 파라다이스

아이는 "어서 오세요"라는 점원의 인사를 뒤로하고 미로 같은 진열대 사이로 뛰어들었다. 일본어를 알아들을 리 없었겠지만, 우리말이라도 반응은 다르지 않았을 것이다. 입구 가까이에는 잡지와 신문, 위생용품, 문구류와 전자 상점에서 쓸 수 있는 카드형 상품권이 집중 배치돼 있었다. 아이는 그곳을 가볍게 지나쳤다. 먹을 것과 먹지 못할 것, 마실 것과 씹을 것을 아이는 분명하게 구분했고, 자기가 가야 할 곳을 정확히 알고 있었다.

매장 내 조명은 그림자조차 표백시킬 만큼 하얗다. 밤낮은 의미가 없다. 개방형 냉장고는 그보다 두 배 순도 높은 빛을 발하며 한 벽면을 차지하고 있다. 냉기가 옅은 연기처럼 진열대 위를 맴도는, 흡사 신비에 쌓인 제단 같다.

아이가 내 손을 뿌리치고 제일 먼저 달려간 방향도 그쪽이었다. 아이는 우와 우와 탄성을 지르며 1L짜리 우유와 주스 팩을 가리켰다. 그러고는 "가가"라고 부르는 사과 주스를 꺼내 달라고 졸랐다. 여행이 끝나기 전까지 다 마실 수 있을까 의심스러운 커다란 주스 팩을 들고 홀짝홀짝 걷는 아이는 세상을 다 가진 표정이었다. 약간은 조바심 난 얼굴이어도, 계산대에서 '삑' 해야 먹을 수 있다는 이치는 잘 알고 있었다.

1L짜리 주스는 아무래도 부담스러웠다. 과일 맛이 나는 떠먹는 곤약 젤리는 칼로리가 제로였다. 어떻게 이런 멋진 간식이 나올 수 있을까, 어른의 체면상 속으로만 감탄하며 그것을 아이의 눈앞에 흔들어 본다. 아이는 곧장 주스를 넘겨주고는 곤약 젤리를 받아 들었다. 눈이 별처럼 빛났다. 바구니에 몇 개를 더 집어넣는 동안 아이는 컵라면 진열대를 등지고 씰룩쌜룩 엉덩이춤을 추었다.

아빠는 비로소 주류 냉장고를 확인할 여유가 생겼다. 아이보다 집요한 눈으로 유리 안쪽을 노려보다가 아사히, 기린, 삿포로, 에비스, 산토리, 굵직한 구분은 잘 넘겼으나 회사별 제품군과 알코올 도수, 가격 같은 세분화에 이르러 평정심이 흔들리고 만다. 삿포로 맥주는 식당에서 생으로 마실 수 있고, 무알코올 맥주는 가당치도 않은 일이겠지. 그렇다면 한국에선 아직 팔지 않는 하이볼 캔을 마시면 어떨까? 여기서도 알코올 도수가 7%와 9%로 나누어져 있는데, 잠깐 판단력이 흐려진 탓에 7%를 택하는 우를 범했다. 그 사이 아이는 다시 한 번 진열대에서 뭔가를 꺼내 달라고 졸랐다. 우유를 본 모양이었다. 아이는 흰색 종이팩만으로 그것이 "우우"임을 식별해 냈다.

이제 아이의 한 손엔 젤리, 다른 손엔 '우우'가 들려 있었고,

팔에 바구니를 낀 아빠의 양손엔 7도짜리 하이볼 두 캔이 들려 있었다. 부전자전이다 한 마디 했어야 할 순간에 아내는 우치카페ウチカフェ 코너 앞에서 어떤 빵을 고를지 고심하고 있었다.

'삑' 하러 가자는 말에 아이는 한참 기다렸다며 발을 동동 굴렀다. 아이는 집에서도 냉장고 안을 들여다보길 좋아한다. 하루에도 몇 번이고 냉장고를 열고 그 낮은 시야에 걸리는 뭔가를 꺼내달라고 조른다. 문도 없는 데다 온갖 음료가 널린 편의점이나 마트 진열대 앞에서 어쩔 줄 몰라 하는 건 당연한 일이었다. 세상의 다채로움과 날몸으로 부딪는 각축장. 들어갈 때마다 빵도 먹고 요구르트도 마실 수 있는 번쩍이는 집. 아이는 편의점을 어떤 공간으로 기억하는 중일까.

무라타 사야카, 『편의점 인간』

서른여섯 살의 게이코는 18년째 같은 곳에서 일한다. 인생의 절반을 한 군데서 보낸 장기근속자다. 이직과 퇴사가 교양이 된 요즘 같은 세상에 표창이라도 줘야 할 일인데, 그 상을 받은 게이코는 기뻐하지도 회한에 잠기지도 않을 것이다. 사실 그 정도 세월이면 꽤 높은 지위에 올랐을 만하다. 한편으로는 매너리즘에 빠지고 조금은 나태해지기도 했을 터였다. 하지만 그녀는 18년 전이나 지금이나 여전히 성실하다. 심지어 직위도 변함이 없다. 근무를 시작한 첫날에도 파트타이머였고, 그로부터 15만 7,600시간이 흐른 오늘도 파트타이머이다. 그녀는 점장도 일곱 번이나 바뀐 18년 동안 같은 지점의 편의점 알바로 살고 있다.

게이코는 편의점에서 벌어지는 일을, 편의점에서 벌어질 일을 본능적으로 알았다. 날씨로 그날 잘 팔릴 상품의 수요를 맞추는 건 물론, 손님의 사소한 움직임에서 다음 행동을 예측하거나 그 스스로도 인지하지 못한 욕구를 포착했다. 편의점이 편의점으로서 기능할 수 있도록 최선을 다하는 게 그녀의 재능이자 삶의 목표였다.

'스마일마트 히이로마치 역전점'은 게이코가 삶을 습작하는 무대이기도 했다. 그녀는 거기서 만난 다양한 사람들을 관찰하고 흉내 내어 보통 사람을 가장했다. 동년배가 입는 옷과 구두, 핸드백에 든 화장품 등을 몰래 조사하여 그 비슷한 것을 사들였다. 동료가 바뀌면 그녀의 말투와 표정도 바뀌었다. 평범하다고 자처하는 사람도 엇비슷한 이들과 어울리며 서로가 서로의 견본이 되고자 노력하지 않는가. 게이코는 누구나 예측 가능한, 매뉴얼 속에서 걸어 나온 인물이 되는 것이 평범하게 사는 법이라고 확신했다.

18년이나 편의점에서 알바를 한다고 무시하는 사람도 있었다. 연애도, 결혼도 관심 없고 번듯한 정식 사원이 되려고도 하지 않는 그녀를 걱정하거나 의심하는 사람은 더 많았다. 하지만 그녀는 마음 쓰지 않았다. 편의점이 세상의 기준에서 낮은 축에 속하는지는 몰라도 어쨌든 평균 분위에 걸쳐 있다는 것만은 자명했다. 그녀는 어릴 때부터 "고쳐져야 한다"는 말을 들었다. 공원에 죽어 있던 새를 집에 가져가 요리해 먹자고 말한 순간부터 부모조차 그래야 한다고 다그쳤다. 그런데 마침내 그녀가 '정상적'으로 기능하는 '세계의 부품'이 된 것이다. 첫 근무 때 첫 손님에 응대하며 그녀는 깨달았다. 비로소 지금 "내가 태어났다"고. 편의점은 그녀가 세상에 안착할 수 있는 유일한 활주로였다. 그런 곳이, 그녀에게 파라다이스가 아니고 무엇이겠는가?

마이너 파라다이스

20대에 들면서 편의점 삼각 김밥에 푹 빠졌다. 개당 700원에, 두 개를 묶은 세트 상품은 100원 빠진 1,300원이었다. 이거면 한 끼가 됐다. 매번 식도가 굳어지는 느낌이 들긴 했지만, 바삭한 김이며 아쉬울 만큼만 들어간 고명이며 입맛에 잘 맞았다. 삼각 김밥은 간식이나 별미여야 했지만 사실 주식에 가까웠다. 돈을 아낄 수 있었고 시간은 더 아꼈다. 그래서 전자레인지가 회전하는 20초는 언제나 길게 느껴졌다. 포장을 벗기며 김이 비닐에 말려 들어가지 않게 하는 것도, 밥 덩어리가 부서지지 않게 먹는 것도 항상 즐거운 도전이었다. 가장 좋아한 삼각 김밥은 '전주비빔밥'이었다.

이런 식의 간편 식단은 고등학교 시절부터였다. 그땐 매일 저녁 학교 앞 문구점에서 이름 없는 식품 회사의 러스크를 사 먹으며 야간 자율 학습 시간을 버텼다. 남은 용돈을 모아 소니의 CD 플레이어를 사는 데 거의 1년이 걸렸다. CD 케이스 1.5배만 한 얇은 두께, 은색 말풍선을 닮은 유려한 디자인, 타사 대비 훌륭한 튐 방지 기능을 이제 곧 손에 넣는다 생각하며 식빵 쪼가리를 튀겨 설탕에 절인 과자로 배를 불렸다. 불과 한두 해 후에 MP3 플레이어가 득세할 걸 예상하지 못했으나 군대에서도 이때 산 CD 플레이어로 마음을 달랬으니 후회는 없었다. 이유는 모르겠지만, 마땅히 질렸을 법도 한 러스크나 삼각 김밥을 보면 지금까지도 군침이 돈다.

대학교 앞엔 여러 브랜드의 편의점이 있어 각사의 삼각 김밥을 골고루 먹을 수 있었다. 러스크조차 800원인가 1,000원이었다. 비슷한 값인데 섭취할 수 있는 영양 면에서는 진일보. 다음 수업이나 동아리 연습을 기다리는 동안 밥때가 찾아오고, 그래서 뭐라도 먹어야 한다는 의무를 삼각 김밥으로 대신했다. 당시 길게 말린 김밥이나 도시락도 하나둘 출시되고는 있었다. 하

LAWSON
銀行
ATM

지만 제조사에서도 사람들이 이걸 찾아 먹으리라는 확신이 없었나 보다. 밥은 진밥도 된밥도 아닌 서걱밥이었다. 쌀이 덜 익은 게 아니라 생쌀을 망치로 찧어 지은 밥 같았다. 김치는 씻은 배추에 고춧가루만 뿌려 나온 맛이고, 고기에선 자주 누린내가 났다. 한국의 편의점이 제대로 된 김밥과 도시락을 선보이게 되었을 땐 이미 학교를 졸업하고 직장인이 되어 있었다.

격변은 순식간이었다. 갑자기 모든 게 맛있어졌으나 여전히 저렴했다. 편의점 도시락은 진실한 한 끼가 되었다. 멀끔하게 정장을 차려 입은 남녀가 입식 테이블 앞에서 도시락으로 끼니를 해결하는 모습은 이제 낯설지가 않다. 그들을 보고 있으면, 때로 그들 옆에 서 있으면 무거우면서도 빠르게 움직이는 도시의 한 축을 함께 지탱하는 느낌이 든다.

나도 삼각 김밥 시대까지는 편의점과 가벼운 공생 관계였다. 하지만 직장을 몇 번 옮겨 다니면서 거의 모든 점심을 편의점에서 해결하는 추종자가 되었다. 편의점은 사람을 가볍게 삼켰다. 청결한 공간, 가지런히 놓인 상품들, 가만히 귀 기울이면 들리는 냉장고 모터음, 끊임없이 재잘거리는 포스기의 안내 멘트, 덤을 얹어주는 할인행사와 끊이지 않는 신상품 아이디어, 새벽에도 나를 기다리고 있을 거라는 확고한 믿음까지. 단골 편의점 사장님이 여기 음식만 먹어서 괜찮겠냐고 물었을 때, 이참에 전문성을 키워 신메뉴가 나오면 인터넷에 리뷰를 써 볼까도 했다.

하지만 이미 오래전부터 그 분야에서 터를 닦아 온 전문가들이 술했다.

편의점 도시락은 한계를 몰랐다. 사은품으로 얼음 컵을 끼워 줘서 시원하게 먹는 김치말이 국수까지 나왔을 땐, 젓가락을 내려놓고 도시락 연구진들에게 박수를 보냈다. 그래도 오랜 세월 편의점에서 식사를 해결하는 이유만은 변함이 없었다. 돈을 좀 아끼고, 시간도 함께 아끼고. 11월의 삿포로를 다녀온 다음 해 여름, 아침부터 정오까지 직업학교(?) 비슷한 걸 다닌 후 늦은 오후부터 밤까지는 카페에서 일을 했다. 점심뿐만 아니라 저녁도 편의점에서 먹게 되자 그때는 조금 서글프다는 생각이 들었다. 따스한 노을이 너울거리다 천천히 죽어가는 저녁에 사람들은 개를 끌고 공원을 산책했다. 바람에선 막연한 그리움 같은 계절 식는 냄새가 났다. 옆집 중식당에선 자장면을 7,000원에 팔았는데, 거기 모인 손님들은 그런 기본 메뉴는 읽지도 않는 부류였다. 나는 카페와 중식당 경계에 있는 야외 테이블에 앉아 도시락을 먹었다. 가끔 주변을 자주 배회하는 길고양이가 와서 부러워하는 눈빛으로 물끄러미 올려다보기도 했다. 제대로 된 식사를 천천히 꼭꼭 씹어 먹으라고 말해주던 그녀는 몬트리올에 있었다. 시차 때문에 그녀의 메시지가 제때 도착할 수 없었던 탓에 먹는 속도는 매일 빨라졌다.

그녀가 몬트리올로 떠나던 날 저녁에도 편의점 김밥을 먹었다. 밑에서부터 밀어 올리는 김밥이었는데, 힘을 주다가 맨 아래 토막이 부서지고 말았다. 김밥은 누가 먹다 뱉은 것처럼 비닐 포장 안에서 뭉개져 있었다. 포장지를 까뒤집어 오이와 햄과 단무지와 밥알을 집어 먹었다. 식당에 앉아 혼자 밥을 먹었다면 그 시절을 견디지 못했을 것이다. 언제나 밝고, 새롭고, 안전하고, 다채롭고, 생생한 소리가 나고, 황무지와 같이 외딴 관계 속에서도 야간 알바라는 한 사람쯤은 기다려 주고, 할인과 덤까지 얹어 주는 편의점은 음악으로 치자면 단조로 편곡된, 나의 파라다이스였다.

올빼미가 날다

홋카이도에 머무는 동안 로손 편의점을 즐겨 찾았다. 롤 케이크가 맛있고, 일반 매장*이 달고 있는 파란 바탕에 하얀 우유병이 그려진 로고가 마음에 들었다. 근소하지만 세븐 일레븐보다 로손이 가깝기도 했다. 언제나 가까이 있다 - 이보다 편의점의 유용성을 잘 설명할 수 있는 말이 있을까?

로손은 원래 일본 회사가 아니라 미국 오하이오주 기반의 우

* 흔히 보이는 편의점 외에 '로손 스토어 100'이라는 100엔 숍 개념의 매장과 유기농 채소와 식품을 취급하는 '로손 내추럴'이 있다.

유 회사였다고 한다. 창립자인 제임스 J.J. 로손James J.J. Lawson의 이름을 딴 이 신문물은 세븐 일레븐과 함께 편의점 시대를 개척해 나갔다. 그러나 경영이 순탄치는 않아 이리저리 자주 팔려 다니는 신세였고, 결국 1974년 고베神戸 기반의 일본 슈퍼마켓 체인인 '다이에ダイエー'의 손에까지 들어왔다. 다이에는 '다이에 로손'이라는 독자적인 법인을 설립하며 미국과는 별도로 편의점을 운영했다. 오히려 미국에선 1985년에 '데어리 마트Dairy Mart'로 소유권이 넘어가며 '로손'이라는 이름은 사라졌다. 로손은 완전히 일본 기업이 되었고, 역으로 미국*을 비롯한 중국, 태국, 인도네시아, 필리핀 등 여러 아시아 지역으로 이 브랜드를 수출하고 있다.

여기까지가 인터넷이 알려주는 로손의 역사. 나와 아내가 로손을 좋아하게 된 건 그 다음 이야기 때문이다. 2002년 로손의 옛 주인이었던 데어리 마트는 캐나다 퀘벡주를 기반으로 하는 편의점 기업 '쿠쉬 타르Couche-Tard'에 합병되었다. 쿠쉬 타르는 몬트리올에서 지내던 그녀가, 그리고 나중에는 내가 자주 찾았던 편의점이다. 늦은 밤 눈을 뜨는 올빼미가 쿠쉬 타르의 로고**였

* 하와이에 매장이 있다.
** Couche-Tard는 프랑스어로 '밤 올빼미'란 뜻이며, 흔히 밤늦게 자는 사람을 일컫는 말이다.

는데, 그녀는 그 상징이 편의점과 아주 잘 어울린다고 생각했다. 홋카이도에서 쿠쉬 타르의 이복형제인 로손에 끌린 건 당연한 일이라고, 우리는 멋대로 의미를 부여했다.

차갑고 청량한 로손의 파란색 간판은 밤새 내린 눈 위로 떨어지는 새벽빛 같고, 우유병 모양에선 달그락거리는 노스탤지어의 방울 소리가 들리는 것도 같다. 세이코 마트[セイコーマート]라는 홋카이도 로컬 편의점이 따로 있지만, 나는 로손에서야말로 이 섬의 지역색을 느낀다.

편안하고, 장벽이 없다 - 이 말도 편의점의 유용성을 잘 드러내 준다. 나는 로손에서 무라타 사야카의 소설 『편의점 인간』의 후루쿠라 게이코를 만난다. 그녀의 투철한 직업 정신과 친절함은 그녀가 연기하는 역할에 불과할지 모르지만 나는 그 역할을 통해서만 그녀를 만난다. 그녀는 누구보다 열심인 편의점 캐셔이다. 김애란의 단편 소설 「나는 편의점에 간다」에 나오는 말처럼 "우리는 그들을 모르고, 그들도 우리를 모른다." 가족, 직장 동료, 상급자, 하급자, 친구, 연인, 동문, 옆집 사람, 아래층 사람. 편의점에서 마주치는 담백한 관계에선 관계가 주는 피로가 없다. 그래서 나는 오지랖 넓은 구멍가게가 아니라 심드렁한 알바가 앉아 있는 편의점으로 간다. 관계의 간격이 벌어진 바로 그 틈에서 편의점은 나에게 파라다이스가 된다.

아내와 아이가 잠든 새벽, 맥주를 사러 편의점에 갈 때마다

Couche-Tard
IRVING
Tim Hortons
Express
BigStop
111 9
100
diesel comptant
ordinaire

퀘벡주, 캐나다

꼬집어 말할 수 없는 안도감을 느낀다. 점주를 포함해 돌아가며 근무하는 세 명의 점원은 내가 매일 같이 술을 마신다는 것, 가장 싼 맥주 한두 캔만 마신다는 것, 그러면서도 마치 수입 맥주를 고를 것처럼 냉장고 앞에서 한참 서성인다는 것을 알고 있다. 그러나 내색하지 않는다. 늦가을에 반소매 티와 반바지 차림으로 나타난 나에게 "아, 오늘 추운데"라고 지나가듯 말하고, 다리가 불편한 점원이 상품 진열을 하다 말고 얼른 카운터로 다가와 양쪽 결제기 중 어느 쪽에 카드를 꽂으면 되는지 알려주기도 할 때, 나는 회전문을 지나듯 돌아가며 그들과 스친다. 그리고 다음 날 아침이 되면 사무실 근처 편의점에서 커피와 삼각 김밥을 계산하며 하루를 시작한다. 새벽 현관을 나서는 나도, 몬트리올에서의 그녀도, 삿포로에서의 우리도 모두 '쿠쉬타르' 인류다. 도시의 밤엔 누구도 혼자가 아니며 그러면서도 서로를 간섭하지 않는다. 나는 쿠쉬 타르 시대의 파라다이스, 편의점으로 간다.

이름 그대로

며칠에 걸쳐 산 것들인데 마치 한날에 산 것처럼 리스트는 하나로 합쳐졌다. 곤약 젤리, 딸기 롤 케이크, 멜론 케이크, 백설공주가 그려진 사과 요구르트, 온갖 맛이 다 나는 과채 주스, 설탕물에 절인 귤, 북해도산 유지방 3.6 우유, 모둠 어묵, 데미그라스 햄버그, 다시마 후리카케를 뿌린 밥에 생선구이를 곁들인 도시락, 레몬 탄산수, 녹차, 생수, 물보다 물처럼 마신 우롱차, 겨자 맛으로 먹는 낫토, 고시히카리 공깃밥, 튀김이 든 컵우동, 어린이 치즈, 버튼을 누르면 작은 사탕이 나오는 장난감 자판기, 하이볼, 그리고 맥주.

편의점의 일부가 방으로 옮겨 왔다. 여행 중에 갑자기 필요할지 모를 모든 것들을 언제든 멀지 않은 곳에서 구할 수 있다는 안심까지 덤으로 가져왔다. 삿포로든 방콕이든 편의점만 있다면 서울 우리 동네와 다를 게 없었다. 아무 살 것이 없어도 마음속에 빛이 충전될 때까지 몇 번이고 매대 사이를 도는 일, 게이코 씨가 나의 행동을 살피고 예측하는 일, 그래서 뭐라도 사고 그것으로 살아 있음을 증명하는 일. 그것이 편의점 인간인 내가 하는 일이었다.

아이는 삿포로에서 편의점에 갔던 기억이 너무나도 즐거웠던 모양이다. 여행을 마치고 나서도 동네 편의점을 그냥 지나치려 하지 않았다. 곧장 개방형 냉장고로 달려가 원하는 먹을거리를 집어 저 혼자 계산대로 향한다. 그럴 땐 홀로 편의점을 찾을 아이의 미래 모습을 그려 본다. 미세먼지, 빽빽한 아파트촌과 미로 같은 빌라들, 영어와 중국어는 필수, 그 옆에 나란히 놓인 삼각 김밥과 샌드위치, 2+1 커피와 여섯 가지 반찬이 꼬박 들어간 도시락. 새벽에 갑자기 어두운 구멍에 빠진 기분에 사로잡혀 아무렇게나 옷을 걸쳐 입고 편의점을 찾아가 맥주를 집어 들기도 하겠지. 너에게도 편의점이 파라다이스가 되고 마는 걸까?

ATM, 두통약, 소화제, 택배, 티켓 예매. 내가 편의점에 중독됨으로써 얻는 모든 수혜는 나에게서 끝났으면 좋겠다. 편의점에서 원격 진료를 받거나 주민등록증과 운전면허증을 발급받는 날이 오더라도 여기서 싸고 빠르게 한 끼를 해치우는 일만은 없기를, 최소한 아주 가끔이기를.

하지만 누가 만들고 누가 사느냐보다 누가 '유통하느냐'가 핵심이 되어 버린 세상에서 스물네 시간 불이 꺼지지 않는 영토가 확장되는 것을 누가 막을 수 있을까. 아이가 어떤 종류의 삼각 김밥을 제일 좋아하게 될지 상상하는 편이 생산적이지 않을까? 아이가 "나도 전주비빔밥"이라고 말하면 어련하겠냐며 웃을지 모르겠지만, 진심으로 흐뭇하지는 않을 것 같다.

Google play
CLASSY
FUDGE

Uchi Café
新発売

¥107
¥116
のむYG190
¥105
¥113
¥154
¥166
¥170
¥184
18. 06. 03.
18. 06. 02.
LOT ADJF
18. 06. 01.
LOT ADCF
あけくち
賞味期限(開封前)
函館牛乳
hm
函館牛乳
函館牛乳
生乳100%使用
種類別 牛乳
500ml
成分無調整
雪印メグミルク
牛乳
種類別 牛乳
生乳100%使用
¥141
¥152

7.
새벽의 노트에서

새벽 두 시의 노보리베쓰登別는 다른 모든 새벽 두 시가 그렇듯 침묵에 잠겨 있었다. 물소리만은 끊이질 않았으나 이미 익숙해져 들린다는 의식조차 없었다. 미닫이문 너머에는 아내와 아이가 잠들어 있었다. 나는 다관茶罐에 남은 호지차ほうじ茶*를 찻잔에 붓고 뜨거운 물을 새로 채웠다. 호지차는 보리차처럼 부담 없어 좋았다. 정신을 투박하게나마 다듬어 주는 차향에 다음 문장도 그럭저럭 써 내려 갈 수 있었다. 차는 원하는 만큼 계속 솟아오를 기세였다. 그 넉넉함이 든든했다.

20대 후반에 여행을 다니기 시작하면서 밤마다 노트를 썼다. 그날의 여정과 기억하고 싶은 장면을 적어 가다 보면 언제나 새벽이었다. 나의 여행은 날이 잔뜩 선 그 시간부터 본격적으로 시작되는 것도 같았다. 나는 보통의 나와 글을 쓰는 나, 두 사람의 존재를 알고 있는데, 새벽엔 그 납작한 두 번째 자아가 밖으

* 품질이 조금 떨어지는 녹차의 잎을 직화로 가열해 만든 차. 카페인이 적고 구수한 향이 좋아 일본에서 널리 음용된다.

로 걸어 나와 낯선 도시와 잠든 마을, 대양에 웅크린 섬을 둘러보고는 했다. 나는 그의 말을 존중하고 때때로 그의 말만을 믿었다. 그가 진정한 나인지, 진실한 자아인지는 나의 관심 밖이었다. 그저 그의 실재를 확신할 뿐이었다. 하지만 나이가 들고 체력이 부칠수록 노트를 통해 그를 만나는 횟수가 줄어들었다. 씻지도 못하고 곯아떨어지는 하루는 어떤 면에선 속 편한 시간이었다. 나는 내가 뭉툭해 지고 있음을, 무난한 여행을 더 선호하게 되었음을 느낀다. 새벽 두 시에 정신이 말짱한 오늘 같은 날은 행운처럼 드문 날이었다.

어제 못다 쓴 노트를 마무리하고 오늘의 이야기를 시작했다. 아침이 몇 주 전처럼 아득하기만 했다. 무엇을 했더라? 어디로 갔더라? 일단 '호스이스스키노역豊水すすきの駅에서 지하철을 탔다.'라고 썼다. 삿포로에서 여기 노보리베쓰까지 어떻게 왔는지 나열할 차례가 되자 백지가 두려워졌다. 차를 홀짝이고 나서 다음 문장을 썼다. 작은 냉장고가 내는 냉각기 소음이 또록, 또록, 내 옆으로 굴러왔다.

꽃의 배웅

기타주산조히가시역北13条東駅이라는 무색무취한 이름의 지하철역을 나서자 역시 별다를 것 없는 보통의 주택가가 펼쳐졌다.

나지막한 건물이 띄엄띄엄 서 있었고, 덕분에 시야가 트여서 거리 전체를 하늘이 부드럽게 감싸고 있는 인상이었다. 반면 건물도 길바닥도 무채색뿐이라 창백한 사람의 인사를 받는 것 같기도 했다. 종종 고층 맨션도 눈에 띄었다. 교실 맨 뒤에 앉은 꺽다리처럼 어딘지 구부정한 모습이었다. 교실 소란은 나 몰라라, 창밖을 바라보며 딴생각에 잠기는 타입이랄까. 이미 사라진 베이커리의 간판이 그대로 붙어 있는 건물은, 앞으로도 한동안 그걸 달고 있을 것 같았다. 바람도 가던 방향을 잊을 동네였다.

천사대학天使大學. 차라리 역 이름으로 쓰면 좋았을 이름을 보았다.

'날개 달린 사람들이 있으려나.'

바보 같은 문장을 적어 놓았으나 그땐 정말로 바보처럼 고개를 쳐들었다. 오늘 날씨가 이상하게 그랬다. 선명한 햇살이 기분 좋은 현기증을 일으켰다. 그곳은 "사랑을 통해 진리에"라는 교훈校訓이 감동을 주는 가톨릭계 간호대학이었다. 이곳을 기점으로 남쪽으로 꺾어 내려가면 목적지였다. 앞으로 두 블록 반, 적당히 땀이 날 만큼의 거리였다.

주차장으로도 쓰지 않는 잉여 공간이 홋카이도의 절박한 인구밀도를 에둘러 일러주고 있었다. "지방이야말로 성장의 주역." 벽에는 빛 바란 선거 벽보가 붙어 있었다. 지금은 일본 내에서도 여행하고 싶은 곳, 살고 싶은 곳으로 인기가 높아 변방이라 하기는 뭣하지만, 100년 전의 홋카이도는 변방이 분명했다. 포스터 속 남자는 확고한 신념을 가진 사람의 얼굴을 하고 있었다. 그러나 100년 전 포스터가 아닌 이상 그가 당선이 됐을지는 미지수였다.

아마 오타루로 향하며 지나쳤던 낯선 이름의 지역들도 이런 모습이었을 것이다. 누구나 회사를 가고, 학교를 가고, 때가 되면 투표도 하고, 외식을 하고, 편의점에서 맥주도 사 마시고, 빈 상가의 간판을 바로바로 떼 내지 않는 곳. 빵집 자리에 들어선 의료기기 체험장이 동네 할머니들의 사랑방이 되는 그런 곳.

그러다 어느 멋진 집 앞, 파라솔처럼 드리워진 꽃나무 아래 서게 되었다. 겹벚꽃은 햇빛이 간지러운지 우아하게 몸을 흔들었다. 모른 척 지나가도 상관없을 평범한 나무였지만, 바닥으로 쏟아지는 분홍빛 샤워에 젖어 자리를 뜨고 싶지 않았다. 저 옹골진 햇살이 얇은 꽃잎 한 장 뚫지 못하고 부서지는 건 신비한 일이었다. 아무래도 태양과 나무 사이에 모종의 거래가 있는 건 아닐까. 꽃의 짧은 생애 동안 서로 만날 수 있는 시간만큼이라도 절대 떨어지지 말자는 간절한 약속, 꼭 쥔 손 같은 포옹을 둘은 나누는 것이다. 나와 아내는 번갈아 사진을 찍었으나 비침, 반짝임, 번쩍임, 가려짐, 비껴감의 순간을 붙잡으려는 시도는 헛될 뿐이었다.

벚꽃은 이미 졌고, 요즘은 라일락이 한창이라는데 오도리 공원에서도 의식하지 못하고 지나쳤다. 홋카이도는 7월에 절정이 라는 라벤더가 워낙 유명하기에 지금, 5월에서 6월로 넘어가는 시기엔 꽃을 보지 못할 거라고 생각했다. 하지만 꽃은 있었다. 우리가 무심하지 않을 수 있던 것은 역시 오늘의 일기日氣 때문이었다. 마침내 닿은 우리의 목적지는 왜 이런 주택가 안에 있을까 의아한 렌터카 사무소였다.

뜻밖의 취향

여행을 시작하기 전에 우리는 숙소를 예약하고 필요하면 차도 빌린다. 호텔에서 제공하는 이미지는 대체로 현실을 앞서가기 마련이다. 예약 사이트의 사진을 보며 "일본에 이렇게 넓은 방이 있다니!" 싶었다가 "프로 사진가의 솜씨는 역시 훌륭하다!" 감탄하는 순간이 얼마나 많았던가.

에어비앤비에서 며칠간 묵을 집을 탐색하는 건 더 어렵다. 호텔은 전문가가 찍었다는 사실을 염두에 두면 미리 보기 사진에서 그럭저럭 현실을 추출할 수 있다. 하지만 에어비앤비의 이미지는 있는 그대로를 보여주는 '듯한' 아마추어의 작품이라 오히려 실제 이상인지 혹은 그 이하인지 분간해 내기 어렵다. 이럴 때 힌트가 되는 건 경험을 공유하겠다는 사명감에 불타는 리뷰다. 한국어로, 영어로, 중국어와 일본어, 프랑스어와 스페인어로 가득한 전 세계 여행자들의 감상문은 그들의 여행이 어땠을지 어렴풋하게 그려 주며 이 집을 예약하느냐 마느냐 하는 결정에 지대한 영향을 미친다. 번거롭긴 하지만 이런 탐색 과정이 오히려 여행 자체보다 즐겁다는 생각도 든다.

차를 빌리는 건 숙소를 잡는 일과는 또 다른 의외성이 있다. 렌터카 예약은 보통 등급만 미리 선택하고 당일 현장에서 정확한 차종이 결정되는 경우가 많다. 그래서 차를 빌릴 때마다 오늘은 어떤 제조사의 어떤 모델이 나올까 기대하게 된다. 어떤 색깔이 나오는지도 흥미로운 지점인데, 지금까진 붉은색 계열, 소파나 융단처럼 푹신해 보이는 차가 유난히 많았다. 직접 고를 수 있었다면 고려조차 않았을 색깔이건만 막상 눈앞에 주어지면 특별한 컬러군, 한번은 몰아보고 싶었지, 없던 취향이 생겼다. 삿포로의 렌터카 사무실에서 내어 준 차도 와인에 적신 색깔이었다. 어쩌면 사무실로 들어가며 언뜻 이 차를 보았을 때 이미 그것이 우리에게 주어지리라는 사실을 알았는지도 모르겠다.

반은 이해하고 반은 추측하며 직원의 안내를 듣고, 이런저런 서류에 사인을 한 뒤 결제를 하고, 차 주위를 한 바퀴 돌며 흠집을 체크하는 절차를 마치자 우리에게 차가 생겼다. 아들은 멀리 와서도 카시트에 앉아야 한다는 사실이 불만스러워 보였다. 한국이라면 보조석이었을 오른쪽 운전석에 앉아 이 차의 숨은 기능은 무엇일까 헤아려 보았다. 헤드라이트, 등받이 조절 손잡이, 운행 모드 스위치와 아이폰에 선만 연결하면 저절로 나오는 오디오 시스템. 이번만큼은 깜빡이를 넣으려다 와이퍼를 켜지 않겠다고(일본의 차는 와이퍼와 차선 변경 지시등 레버도 우리와 반대다) 다짐도 해 보았다. 일본에서 하는 두 번째 운전이었지만, 상식이 뒤바뀐 것 같은 이질감은 어쩔 수 없었다. 왼쪽 차선으로 달린다, 반드시 왼쪽 차선으로 달린다, 가족 누구에게도 들리지 않을 제1원칙을 속으로 되뇌며 기어를 바꾸고 액셀을

札幌市公文書館
SAPPORO CITY ARCHIVES
市民活動プラザ星園

受
付

밟았다. 내비게이션은 노보리베쓰 온천 마을까지 120Km라고 말해 주고 있었다.

온천 마을 걷기

문이 열리자 다다미 여덟 첩이 깔린 거실이었다. (나는 그 사이 어지러워진 방을 둘러보며 처음의 모습이 어땠는지 복기했다.) '앉은뱅이 탁자 주변으로 좌식 의자 네 개가 나란히 마주 보고, 탁자 위에는 다기 세트. 여덟 첩 크기의 침실은 미닫이문으로 거실과 분리되어 있다.'

막 떠나온 삿포로의 호텔과는 비교할 수 없는 크기, 이 정도면 아들에겐 운동장이었다. 창호지를 바른 불투명한 창문으로는 옥수수 수프 같은 노르스름한 빛이 쏟아져 들어왔다. 일흔 가까이 되어 보이는 직원이 객실 안내는 물론 짐까지 옮겨다 준 직후라 황송한 마음이었는데, 그분은 뜨거운 물이 담긴 보온병을 건네며 차도 권했다.

"저녁 식사는 언제 하시겠어요? 여섯 시 반이 마지막입니다만."

"그럼 여섯 시 반에 부탁드립니다."

감사하다는 인사를 서너 번은 주고받다가 노직원이 자리를 떴다. 나는 장식으로 놓인 백자부터 아이의 손에서 멀리 치워

놓은 다음 투명하게 우러난 녹차를 마셨다. 거울 속 세상에서 운전하느라 흩어졌던 정신이 차츰 하나로 모이기 시작했다. 바깥에서 소나기 소리가 들렸다. 창문을 열어 보니 날은 여전히 맑았고, 건물 아래로 거센 계곡물이 흐르고 있었다. 저 멀리 벌써 유카타 차림을 한 남녀가 주차장을 가로지르고 있었다. 얼핏 유황 냄새가 나는 것도 같았으나 과분할 정도로 맑은 공기였다. 아이는 탁자 주위를 세 바퀴째 도는 중이었다.

저녁까진 두 시간 남짓 남았으니 가볍게 지옥 계곡地獄谷을 돌아보고 오는 게 좋을 듯싶었다. 아이와 함께라면 걸어서 십여 분. 해가 저물고 있었지만, 하늘은 푸른 호수처럼 구름 한 점 없이 넘실거렸다. 산 중턱이라 그런지 바람이 도심보다 차가웠고 이질적인 냄새를 실어 나르고 있었다. 주차된 차도 제법 보이고 불이 들어온 객실도 적지 않았다. 그러나 거리엔 다니는 사람도 차도 드물었다. 뜨거운 여름이 지나간 휴양지를 걷는 기분이었다. 그늘 진 채로 쉴 새 없이 미끄러지는 작은 강, 그 위를 두껍게 덮어 자동차와 사람을 나르는 돌다리, 야무지게 세상의 반을 비추는 태양. '오늘의 주제는 내내 한가로움.'

홋카이도에서 가장 오랜 역사를 자랑하는 숙박업소인 다이이치 다키모토칸第一滝本館, 도깨비방망이가 여럿 세워져 있고 지하에서 뜨거운 김이 솟아오르는 센겐공원泉源公園, 온천 마을로

들어오며 보았던 18m 크기의 도깨비를 축소해 놓은 듯한 두 마리 도깨비 상, 오니보코라鬼祠. 삿포로에선 천사더니 노보리베쓰에선 도깨비다. 살짝 핀트 나간 현실도 내내 오늘의 테마이다. 그냥 걷기만 해도 관광이 되다가 마지막에 가선 수습이라도 하듯 주차장이 나타났다. 두세 대의 관광버스가 실어 나른 사람들의 수가 적지 않아 유명 온천 관광지다운 풍경이 완성되었다. 그와 동시에 헐벗은, 각각 모차렐라, 체다, 블루 치즈 색깔을 띠는 돌산이 모습을 드러내면서 흔히 말하는 달걀 썩는 냄새가 강렬해지기 시작했다. 지옥 계곡이었다.

이곳은 지옥이라기보단 화성을 떠올리게 했다. 특히 높은 봉우리에만 닿는 햇살이 암벽을 황토색으로 도드라지게 만들어 그런 인상을 강화했다. 하긴 화성을 배경으로 하는 작품 대부분이 거기서 벌어지는 지옥 같은 사건을 묘사하지 않던가. 사람들은 죽은 자들의 세계로 이어질 법한 나무다리를 걸어 황량함 속으로 자꾸만 사라져 가고 있었다. 실제로 나무다리엔 기묘한 등이 줄지어 달려 '도깨비불의 길鬼火の路'이라고도 불리는 모양이었다. 부글거리는 온천수, 고통에 움찔거리는 유황, 사람을 홀리는 등불, 짙은 그늘에서 읽을 수 있는 두꺼운 땅거미의 예감. 한 번에 몰아치는 게 아니라 조금씩 사람을 압도하는 경관이었다. 아내는 매캐한 유황 냄새에 현기증이 난다고 했다.

그때, 아들이 지옥 계곡이 아닌 산 위로 이어진 샛길을 제멋대로 오르기 시작했다. 얼른 지옥 계곡 중심에 있는 뎃센이케鉄泉池까지 다녀올 생각이었는데, 아들은 꼭 다른 길로 가야 한다고 고집을 부렸다. 나와 아내는 어리둥절 마주보다가 아이가 무엇에 이끌렸는지 알아보기로 했다. 얼핏 표지판을 보니 하리다시 전망대張出展望台로 가는 산책로라 했다.

애번리의 숲

그곳엔 숲이 있었다. 아니, 숲에 양해를 구하고 그로부터 인간이 차용한 공터가 있었다. 불과 몇십 미터 아래의 소음이 솜으로 틀어막은 양 소거되었다. 소리는 이곳에서 새로 만들어졌다. 어디선가 작은 새가 길게 울었는데, 휘파람을 솜씨 좋게 부는 아이 같았다. 잔디도, 나무나 한때는 나무였던 밑동도 얇고 푸르스름한 안개에 싸여 있었다. 목조 벤치는 어떤 의도나 방향성 없이 놓여 있었다. 어쩐지 여기서 자른 나무로 만들었을 것 같았다. 이곳을 나나카마도 광장ナナカマドの広場이라 한다지만, 그건 도시에서나 어울릴 이름이었다. 우리는 이곳을 오롯이 숲이라 부르기로 했다.

하리다시 전망대에선 지옥 계곡이 훤히 내려다보였다. 계곡도 응달에 잠겨 은빛으로 물들어 있었다. 사람들은 여전히 귀신의 불이 켜진 다리를 통해 차안과 피안의 경계를 넘나들고 있었다. 여기서 이십 분 남짓 더 올라가면 히요리산日和山이 분출했을 때 생긴 열탕의 늪, 오유누마大湯沼가 나온다고 했다. 아이를 데리고 거기까지 오를 힘도, 시간도 없었다. 무엇보다 아내와 아들은 이 숲을 마음에 들어 했다. 관점에 따라 이곳엔 아무것도 볼 게 없었으나 사람을 숨쉬게 하는 것만으로도 숲은 제 역할을 다 했다.

노보리베쓰의 원시림엔 약 60종의 수목과 110여 종의 초목이 보존되어 있다. 한 그루 나무조차 이름을 알아맞히기 어려운 나로서는 여의도 절반보다 조금 더 큰 노보리베쓰의 숲에서도 아마존 밀림 같은 복잡다단함을 발견할 수밖에 없었다. 이 광장은 자연과 문명의 접경지였다. 무엇이 아내와 아이를 사로잡았는지 꼬집어 말할 수는 없지만, 삿포로에서 배웅을 나왔던 겹벚꽃처럼 오늘 우리를 다독인 건 전부 자연의 전령들이었다.

"애번리Avonlea의 숲 같아."

아빠와 엄마한테서 도망치는 장난에 재미 들린 아이를 천천히 좇아가며 아내가 그렇게 말했다.

"애번리?"

"빨간 머리 앤이 사는 마을 말이야. 거기 나오는 숲 있잖아. 정확히 어떤 숲이었는지는 기억이 안 나지만."

아내는 유년 시절에 좋아했던 소녀와 그녀가 살던 아름다운 시골 마을의 풍경을, 그 느낌을 떠올렸다. 애번리란 어감이 좋

았다. 부채꼴로 펴져 하늘을 향해 펄럭이는 참나무 가지, 땅에 떨어진 낙엽을 들고 빙글빙글 돌며 연애 시를 읊는 수다쟁이 소녀, 그녀가 사는 초록색 지붕 집. 아내는 힘에 부치는 상황에 처할 때마다 앤의 창을 통해 평온한 대지를 바라보았다. 앤이 들려주는 흘러간 이야기와 상상의 이미지를 떠올리며 앤이 그랬듯 자신의 꿈에 다가갔다. 가끔 나는 아내의 인생에서 중요한 자리를 차지한 당사자로서 내가 그 꿈을 망쳐버린 건 아닐까 두려워지기도 한다.

"나는 내가 도시적인 걸 좋아하는 사람이라고 생각했어. 그런데 나를 살아있게 하는 건 숲이었던 것 같아."

바닥에서 뻔한 돌을 주워 놓고는 이게 뭐냐고 묻는 능청스러움에서 나는 아이가 구태여 산길을 오르자고 고집한 이유를 알아차렸다. 아이는 어른인 내가 알지 못하는 많은 것을 알고 있었다. 엄마가 이 숲을 좋아하리라는 걸, 그래서 아빠가 감사한 마음으로 숲을 걷게 되리란 걸 아이는 분명 알고 있었다.

또 한 번 작은 새가 울었다. 아이는 새를 찾아 두리번거렸으나 어디서도 새를 찾을 순 없었다. 그 소리가 이쪽 세계에서 들려오는 거라고 확신할 수도 없었다. '천사와 도깨비, 꽃과 나무.' 오늘은 그런 것들이 주목을 받는 이상한 날이었고, 그래서 다행인 날이었다.

그때나 지금이나 온천수의 온도는

거실 탁자 위에는 이미 가이세키 요리会席料理가 차려져 있었다. 식전주인 청주, 사키즈케先付와 젠사이前菜 같은 애피타이저들, 싱싱한 생선회, 작은 화로에 끓여 먹는 스키야키すき焼き, 오징어와 연근 뿌리, 버섯, 구기자를 초에 무친 스노모노酢の物, 벚꽃과 새우를 넣은 밥과 된장국, 채소 절임, 그리고 노보리베쓰 우유로 만든 체리 아이스크림.

술까지 포함해 총 열세 종류의 음식이 나왔다. 하지만 색다른 식재료와 조리법을 딱 한 점씩 맛만 보라는 느낌으로 차려져 나와 부담스러운 양은 아니었다. 테이블보 대신 어떤 음식이 나오는지 영어로 친절하게 써둔 '메뉴판'이 깔려 있었지만, 그걸 읽으면서도 내가 무엇을 먹고 있는지는 알 수 없었다. 우엉도 아니고 우엉 뿌리, 죽순, 머위대, 토란, 백합 구근을 평소에 찾아 먹을 일은 없으니 미묘한 맛을 익숙한 한두 단어로 단순화시키며 접시를 비워 나갔다. 아들은 노보리베쓰에 오다가 들른 휴게소에서 산 빵을 찾을 뿐, 밥에는 별 관심이 없었다.

상을 물리자 우리를 안내해 준 노부인이 돌아와 손수 요를 깔아 주었다. 그 사이 아내는 노천탕으로 내려갔다. 이곳 노천탕은 남녀가 이용할 수 있는 시간이 달랐다. 낮부터 오후 9시까지는 여성, 삼십 분간의 청소 시간 후 다음 날 체크아웃 전까진 남성이 들어갈 수 있었다. 예상보다 금방 돌아온 아내의 얼굴은

빨갛게 달아올라 있었다. 뜨거운 물 안에 오래 있을 순 없었다고, 하지만 물이 참 좋아 금세 피부가 보드라워졌다며 발간 얼굴을 다독였다.

욕장엔 아무도 없었다. 코드가 돌돌 말린 헤어드라이어, 누군가 쓰고 버린 면봉, 퇴적층처럼 쌓인 목욕 수건과 아기도 눕힐 수 있을 만큼 큰 대나무 바구니만 나를 기다리고 있었다. 간단히 몸을 씻고 침침하고 텅 빈 노천탕에 몸을 담갔다. 탕에 스며드는 바람은 차갑지만 달았다.

고3 때, 아버지와 동네 목욕탕에 갔던 어느 날, 평소보다 온탕에 몇 분 더 머물렀을 뿐인데 탕 밖으로 나오자마자 눈앞이 깜깜해지며 타일 바닥에 쓰러졌던 기억이 났다. 그날 아버지는 백숙을 끓이셨다. 그때의 충격으로 뭔가를 깨달을 수 있었다면 내가 글을 쓴다고 인생을 '쓸' 일은 없지 않았을까. 그 연쇄작용으로 11월의 삿포로에 혼자 갈 일도 없었고, 그래서 그녀에게 상처를 줄 일도 일어나지 않았고, 다른 모든 잘못 또한 반복하지 않아도 됐다면, 그러면 모든 일이 한결 가뿐하지 않았을까.

아내의 말처럼 몸이 맨들맨들했다. 두 평 남짓한 노천탕을 몇 바퀴 더 유영하다가 서늘한 공기 속으로 몸을 일으켰다. 잠시 현기증이 일었지만 볼썽사납게 쓰러질 정도는 아니었다.

노보리베쓰에 처음 온천탕이 지어진 건 160여 년 전이다. 다키모토 긴조滝本金蔵라는 목수는 아내와 함께 에도를 떠나 홋카이도로 이주했다. 그런데 그 긴 여행 중에 아내에게 병이 생기고 말았다. 그는 노보리베쓰의 온천이 몸에 좋다는 말을 듣고 이곳으로 찾아와 오두막을 지었다. 김이 모락모락 나는 숲속 오두막 온천에서 그의 아내는 씻은 듯 병이 나았다. 한 남자의 사랑에 관한 이야기지만 아무튼 뒷이야기가 있다면 건강해진 아내와 함께 열심히 여관을 꾸려갔다는 게 아니었을까. 방으로 올라오자 아내는 서서히 밀려오는 졸음을 이겨내는 중이었고, 아들은 뭔가 달콤한 것을 마시고 싶어 하는 눈치였다.

'나는 진심을 담아 두 사람에게 입을 맞추었다.'

노트를 덮은 후

마지막 문장을 쓰고 노트를 덮자 새벽 네 시를 목전에 두고 있었다. 아침 식사를 여덟 시에 받기로 했다. 침구 정리는 일곱 시 반, 사람 같은 몰골로 직원을 맞이하려면 일곱 시에는 일어나 얼굴이라도 씻어야 했다. 나는 곤히 잠든 아내와 아들 옆에 누워 눈을 감았다. 방금까지 받아쓴 하루의 기억들이 어둠 속에서 빙빙 돌았다. 얼마 안 가 해가 슬그머니 어둠을 걷었다. 아침이 되어도 창문밖엔 물소리가 여전했다. 유카타를 입은 가족이 숙소를 나와 쇼핑가로 향하고, 주차된 차들은 변함없이 그 자리였다. 지난 새벽이 막 깨어난 꿈처럼 흩어졌다. 내가 노트에 쓴 글

은 그대로 남았을 테지만, 그것을 쓰던 시간이 현실이었는지는 모호했다.

우리 방을 담당하는 노부인이 침구를 정리하러 왔을 때까지 아이는 잠들어 있었다. 거실 방석 위로 옮겨 놓아도 깨어날 기색이 없었다. 부인은 새 수건 두 장을 꺼내 잠든 아이를 덮어주었다. 나는 부인의 배려에 감사해하며, 사람을 감동시키는 데 엄청난 것이 필요하진 않다는 생각을 했다. 애번리의 숲으로 피크닉을 가거나 솜씨가 있다면 작은 오두막을 한 채 짓는 것, 사랑하는 사람과 함께하는 삶에 필요한 건 그 정도였다.

아침 식사는 저녁보다 간소해도 훨씬 입맛에 잘 맞았다. 흰밥이 커다란 그릇 한 가득이었다. 원하는 만큼 맛있게 먹고 든든하게 하루를 시작하라는, 말 없는 격려 같았다.

직원들이 문 앞까지 배웅을 나왔다. 주차 관리인은 짐 옮기는 걸 도와주었다. 고작 하룻밤이었건만 이 작은 마을에서 여러 날을 보낸 기분이었다. 숲, 유황, 온천의 열기, 18m 크기의 도깨비상. 나는 그것들을 언제 어떻게 보았는지 알 수가 없었다. 어제였나, 그제였나, 아니면 한 주 전이었나. 어쩌면 지난 새벽, 가만히 앉은 상상 속에서 만나고 온 건 아니었나. 노보리베쓰의 모든 것들이 어딘가를 우회하여 끊임없이 기억을 두드리고 있었다.

8.
스치듯, 무로란

노보리베쓰에서 무로란室蘭시의 지구곶地球岬까지는 한 시간이 채 걸리지 않았다. 무로란은 이번에 처음으로 알게 된 도시였다. 사진 속에서 본 절벽 위 등대, 한계치의 채도까지 끌어올린 푸른 하늘에 끌려 막연히 가 봐야겠다는 생각이 들었다. 이 도시엔 '무로란 팔경'이라 불리는 절경이 있다고 하는데, 실은 중공업 도시로 더 유명한 곳이었다.

무로란은 홋카이도 에토모絵鞆 반도 끝자락에 있다. 바다로 툭 튀어나온, 구부린 손가락 같은 지형 위에 항구와 대규모 공장 지대 - 제철소, 시멘트 공장, 정유소, 조선소가 들어서 있다. 가까이하기 꺼려질 만한 구역이건만 공장 시설은 자신을 오해하지 말라며 촘촘히 달린 조명으로 방문객들에게 악수를 청한다. 밤이 되면 삭막한 시설은 어둠에 가려지고, 그 윤곽만 조명을 타고 별자리처럼 떠오른다. 공장의 시, 강철과 화염의 수채화. 이 야경도 무로란 팔경 중 하나이다. 이미 1936년부터 야경을 인쇄한 기념엽서가 발행되었다니 공업 도시로서의 역사가 제법 오래된 셈이다. 그것은 동시에 여기가 일본 군국주의의 동력

중 하나였다는 말도 된다. 무로란은 태평양 전쟁 막바지에 미군 전함의 엄청난 포격을 얻어맞은 전력이 있다.

우리가 찾은 지구곶은 무로란 팔경에서 으뜸으로 꼽히는 곳이었다. 공장 지대의 아름다움과 대척점에 있다고나 할까. 100m 높이의 절벽이 14Km 정도 이어지는 섬의 실루엣 위에선 태평양이 동네 개천처럼 천연덕스럽게 발밑으로 밀려온다. 아래쪽 절벽에 솟은 새하얀 등대는 깨끗하게 세탁했으나 오랜 세월 입은 티가 나는 유니폼 차림의 중년 선원 같았다. 땅딸막하지만 눈이 밝고 경험이 많으며, 바람이 잔잔한 밤에는 선실 한구석에 앉아 구슬픈 노래를 부를 듯한 사람. 아마도 어떤 이유로 인해 이곳에 정착해 버린, 몇 번인가 배를 타고 바다로 돌아갈 기회가 찾아왔으나 미련스럽게 제자리에 남기로 한 그런 사람.

날이 흐려서 새파란 하늘이 세상 전부를 이끌고 앞으로 달려 나가는 듯한 절경은 볼 수 없었다. 하늘과 바다의 경계가 회색으로 뭉개졌고, 화물선과 유조선 몇 척은 둥지에 남겨진 알처럼 외롭게 정박해 있었다. 전망대엔 종이 하나 달려 있었다. 바람이나 물결, 그렇듯 육체 없는 존재만이 이 공허를 건널 수 있기에 우리는 여러 번 줄을 잡아당겨 종을 울렸다.

종소리는 얄따랗고 부들부들한 커튼처럼 공중으로 펄럭였다. 등대는 누군가 이 종을 칠 때마다 위로를 받는 듯, 절벽 밑에서 힘차게 새를 날려 보냈다.

생활의 복귀

지구곶을 오를 땐 구불구불 언덕 마을을 거쳐 왔는데, 내려가는 길은 왕복 일 차선이나 다름없는 좁은 둘레 길이었다. 마주 오는 차를 만나면 절벽 쪽으로 비켜줘야 해서 등골이 다 서늘했다. 그렇게 도착한 곳은 공장지대며 태평양이며 다 잊었다는 듯 그저 퇴락한 중소 도시 한가운데였다. 미리 알아본 식당으로 향하다가 규모가 큰 마트 한 곳을 지나쳤다. 아이 기저귀를 얼마나 가져왔더라, 습관 같은 생각을 하며 자연스럽게 차를 돌렸다.

자동차가 달린 어린이 카트에 아이를 태우자 평소 장을 보던 기분이 되살아났다. 쇼핑몰도 편의점처럼 어디서나 비슷한 체계를 갖추고 있어 불편함도, 어려움도 없다. 각 층엔 적당히 한 범주로 묶을 수 있는 매장이 몰려 있고, 가장 접근성이 좋은 층에 마트가 있다. 화장실은 어딘가 구석에, 엘리베이터는 카트 몇 대도 들어갈 수 있을 만큼 넓고, 아이들을 위한 시설이 한두 곳은 꼭 갖춰져 있다. 어느 나라에서든 한 사람이 만들었다 해도 믿게끔 일괄적이다.

3층 서점과 100엔 숍에서 아이에게 줄 자동차 장난감과 스티커를 사고, 1층 마트에선 떡과 치즈, 주스를 샀다. 우리가 사려 했던 것은 기저귀뿐이었는데, 뭔가를 더 들고 가게 만드는 마트의 마술도 여전했다. 옥상 주차장으로 돌아왔을 땐 내비게이션에서 '집'을 찍어야 할 기분이었다. 하지만 생경한 무로란의 풍경은 아직 생활로 복귀할 때가 아니라고 이야기하고 있었다. 시청이 바로 앞에 보이니까 이쪽이 도심일 것이다. 한데 거리에 행인은 보이지 않고 빈 상자 같은 자동차들만 주차장을 채우고 있었다. 문득 내가 밟고 선 쇼핑몰이 도시의 규모에 비해 얼마나 거대한지를 깨달았다. 대규모 공장, 동일본에서 가장 긴 현수교라는 백조대교白鳥大橋, 무엇보다 태평양이라는 드넓은 바다까지 품은 도시임에도 그 안의 삶은 수수하고 동시에 적적해 보였다. 그리고 나는 그 점에 마음이 끌렸다.

인연 소바

오전 11시 30분부터 오후 2시 30분까지 점심 장사만 한다는 수타 소바 식당은 찾기가 쉽지 않았다. 가정집 같은 외관에 "소바를 팔아요"라는 광고 문구 하나 없었다. 나무 간판에 식당 이름 '엔縁'만 적혀 있을 뿐이었다. 그 앞을 차로 두 번이나 지나친 후에야 지도상의 한자와 간판에 적힌 한자가 같다는 걸 알아차렸다.

마침 환한 얼굴로 가게를 나서는 세 여성과 마주쳤다. 앞선 여자가 지갑을 닫는 거로 보아 점심값을 낸 모양이고, 뒤따르는 두 사람은 "너무 맛있었어요!"를 연발하고 있었다. 점심을 사

준 사람에 대한 예의인지는 몰라도 기대치가 올라가기에 충분한 반응이었다.

아담한 실내에 직장인 두 명, 노인 세 명이 식사 중이었다. 맛있는 음식을 먹고 있는 사람만의 표정이랄까, 입 모양이랄까, 이심전심으로 알 수 있는 만족의 기운이 느껴졌다. 우리는 얼른 마지막 손님이 되었다.

메뉴판은 일본어뿐이었다. 냉소바와 온소바 구분만 해 놓고는 무얼 먹어야 하는 건가 끙끙거리는데 내 또래가 아닐까 싶은 사장이 정돈된 영어로 메뉴를 설명해 주었다. 나는 오리구이와 함께 나오는 차가운 소바를, 아내는 튀김이 올라가는 따뜻한 소바를 주문했다. 소바 식당이라 하면 음식 냄새가 거의 나지 않을 것 같지만, 여기는 들어설 때부터 고기 굽는 냄새가 가득했다. 흐뭇하게 그 향을 음미하고 있으려니 방안에 열린 창문으로 후다닥 연기가 빠져나갔다. 한 시간 전만 하더라도 붐볐던 모양인 듯 사람이 빠지고 난 후 특유의 한갓진 공기가 몸을 노곤하게 했다. 까슬까슬한 다다미에 두 손을 올리고 창 너머 어느 창고의 녹슨 지붕을 올려다보았다. 멀리서 안테나 휜 라디오 소리가 들려오는 기분이었다. 아니, 실제로 라디오가 켜져 있는지도, 어쩌면 낡은 브라운관 TV 소리인지도. 세부적인 면이 지워진 최소한의 형태들만이 주변을 맴돌았다.

소바는 유탕면 비슷한 식감이었다. 메밀의 거칠거칠한 향도 강하지 않았다. 오래전 도쿄에선 소바를 쓰유에 푹 담가 먹으면 촌뜨기라며, 면의 삼 분의 일만 적셔 메밀의 맛과 향을 음미해야 세련되고 고상한 사람 취급을 받았다고 한다. 나는 메밀을 흠뻑 적시는 거로도 모자라 쓰유를 숟가락으로 떠서 맛보기도 했고, 마지막엔 소바유蕎麦湯*를 부어 국처럼 마셨다. 그때야 비로소 빈 데가 채워지는 듯한 만족감이 들었다.

쓰케소바와 함께 나온 철판 오리고기와 구운 채소도 먹음직스러웠다. 새우와 채소튀김이 올라간 가케소바掛け蕎麦도 우동 국물은 좋아하지만 우동 면은 좋아하지 않는 우리의 기호와 잘 맞았다. 그런데 점원이 내어준 요리엔 우리가 시키지 않은 달걀말이가 있었다. 아이를 위한 서비스라고 했다.

여행을 오기 전에 이런저런 책을 훑어보다가 홋카이도에 꽤 오래 살며 식당과 술집을 다녔지만 서비스를 받아보진 못했다는 글을 읽은 적이 있다. 일일이 메뉴도 설명해 줘야 하는 번거로운 손님에게 번듯한 서비스를 내어준 이 상황은, 그러니까 예상 밖이었다. 영영 화가 풀리지 않을 마음으로 일본인에 대한 냉정한 정의를 읽을 때마다 묘한 쾌감이 들곤 했다. 그러나 정작 여행을 하며 만나는 사람들은 역사와 무관하게 인간적이었

---

* 소바를 삶은 물.

다. 정치관, 역사관을 알 정도로 깊이 사귈 리도 없고, 한정된 시간, 임시적인 관계, 주로 판매자와 소비자라는 관계 안에서 호의와 예의 어디쯤을 오가기 때문이었다. 때때로 우리는 다신 마주치지 못할 타인이라는 걸 알기에 서로에게 더 친절하기도 했다.

계산을 하며 달걀말이를 잘 먹었다고 답례했다. 젊은 주인은 기다렸다는 듯 우리에게 이런저런 질문을 하기 시작했다. 어디에서 왔는지, 일본어를 언제 어떻게 배웠는지, 어쩌다 여기까지 왔는지. 대화가 길어질수록 그에게서 서양인들과 비슷한 '처음 보는데 친근하게 구는' 붙임성이 느껴졌다. 문득 외국어 메뉴판도 필요 없는 소바 식당을 꾸리며 살아가는 그가 이전까진 꽤 여러 나라를 여행했을지 모른다는 생각이 들었다. 외국 땅에서 이방인이 되어 본 사람은 같은 이방인을 만났을 때 동향 사람을 만난 기분이 들기도 하니까.

식당 이름도 그래서 縁, '인연'이었던 건가? 그는 계산과 함께 오늘 영업을 마쳤다. 혹시 이 식당이 잠시 휴업을 하거나 누군가 다른 사람이 면을 삶고 있다면, 나는 그가 다시 긴 여행을 떠났다고 짐작할 것이다.

막간

'다방'이라는 말에선 자욱한 담배 연기가 그려진다. 잔과 받침이 한 세트이고, 커피는 유독 시커멓고 쓰다. 크림과 설탕이 항상 테이블에 놓여 있는 이유가 딴 게 아니다. 나무를 친 벽에 카운터도 나무로 만들어졌고, 군데군데 벗겨진 벽지가 텅 빈 어항이나 조화가 꽂힌 화병 뒤에서 초라함을 숨기고 있다. 천정엔 모조 샹들리에가 달렸다. 그 밑엔 촌스러운 커버를 씌운 선풍기가, 때로는 노랗게 바란 구식 에어컨이 여름이 오기를 기다린다.

문을 열고 들어선 곳이 바로 그런 곳이었다. 음악은 실내를 겉돌고, 노년에 접어든 손님들이 삼삼오오 모여 있었다. 모자 벗는 걸 깜빡 잊었을까? 한 노신사는 정장 차림에 중절모를 쓴 채였다. 벽에 걸린 시계는 3분 느리게 갔다.

아내와 나는 망설이다가 입구 가까운 자리에 앉았고, 소바를 먹고 힘이 난 아이는 마냥 기분이 좋았다. '다방' 말고 달리 이곳을 표현할 말이 없었다. 진한 메이플 시럽 색의 바 위에서 주인 할아버지는 칼리타로 커피를 내렸다.

하코다테까지 서너 시간은 달려야 하니 커피를 한 잔 뽑아 가면 좋겠다 싶었다. 어쩌다 한 블록 옆에 있는 'P. 클럽 하우스喫茶P·クラブハウス'라는 곳에 들어오게 되었다. 물론 테이크 아웃은 안 되는 곳이었다. 골방에는 작동될까 의심스러운 작은 파친

코 머신 몇 대가 쌓여 있었다. P는 파친코를 말하는 거였나. 책장엔 시사와 가십을 다루는 종합 주간지와 골프 잡지의 최신호들이 진열되어 있었다. 단골들이 소일거리로 시간을 보내는 아지트 같았다. 서로 아는 손님들 사이에서 산발적으로 대화가 이어졌다. 그런데도 조용해서 아내와 나는 소리 없이 웃었다.

처음에 나는 내가 직접 경험하지 못한 시대의 문화를 맞닥트렸다고 생각했다. 그러다 문득 동전을 넣어 띠별 운세를 점치는 작은 상자가 떠올랐다. 찻집 탁자마다 하나씩 놓여 있던 그 물건을 나는 어렸을 적, 친구와 약속이 있던 어머니를 따라나섰다가 보았다. 나는 100원짜리 동전을 넣고 내가 태어난 연도는 적혀 있지도 않은 띠 운세를 뽑아 심각하게 읽어 내려갔다. 스피커에서는 당시에도 흘러간 노래였던 7, 80년대 포크송이 흐르고 있었다. 맞은편에 앉아 있던 친구분의 아들은 노란색 서울우유 슬라이스 치즈를 손에서 놓지 않았다. 난생처음으로 먹어 본 치즈는 보기와는 달리 너무 비릿해서 한 장도 다 먹을 수 없었다. 어머니와 아버지의 운세까지 열어 본 후 나는 내내 지루한 시간을 보냈다. 그게 내게 남아 있는 다방의 추억이었다.

마음이 조금 울렁거렸다. 아이의 재롱을 보며 자신의 손주를 떠올리는 손님들의 미소 때문인지, 그들이 선반 위에 잔뜩 쌓아 놓은 누구도 귀 기울이지 않을 옛이야기 때문인지, 내 흘러간 유년 시절을 향한 그리움 때문인지, 아니면 오늘의 내 나이가 그날의 어머니보다 많다는 걸 깨달았기 때문인지 알 수 없었다.

아내가 조금 남긴 커피에 설탕과 크림을 부어 마신 후 다방을 나섰다. 손님들은 낯선 가족에게 눈인사를 했다. 바깥 공기를 마시자 나는 다시 젊어졌고, 시동을 켜고 터치식 모니터에 주소를 입력하는 세상으로 돌아왔다. 순도 높은 카페인이 핏속에 돌았다. 이제 규정 속도를 꽉 채워 달리다 보면 금방 현재를 따라잡을 것 같았다. 그러나 이 모든 것은 그저 시작일 뿐이었다.

9.
기억 대여소

홋카이도 익스프레스道央自動車道는 노보리베쓰를 떠날 때부터 이미 왕복 이차 선으로 바뀌었다. 제한 속도는 시속 70Km. 한국의 고속도로조차 답답한 사람이라면 여기선 도로연수를 받는 기분이겠다. 드넓은 미대륙도 주를 잇는 고속도로Interstate Highways는 되어야 평균 제한 속도가 시속 70에서 75마일, 미터법으로 치면 120Km를 허용한다. 거의 그에 따르는 한국의 규정 속도가 좁은 땅덩어리에 비하면 지나치게 빠른 건 아닌지, 라고 말하고 싶으나 나 역시 홋카이도의 자동차도로가 답답했다.

한국과 방향이 반대인 점만 빼면 일본은 운전하기 좋은 나라다. 운전자들이 도로교통공단 캠페인의 모범 사례처럼 차를 몬다. 끼어들기를 자신에 대한 모욕으로 여기는 호전성도, 필사적인 꼬리물기도 없다. 모두 나긋하게 양보를 의식하며 운전한다. 운전 습관은 본인의 몫이지만, 도로의 분위기라는 것도 무시할 수는 없다. 교통체증이 일어나는 도심도 어딘지 평온하다. 일방통행 도로가 많았던 오사카大阪에서도, 차보다 사람이 더 빨리 언덕을 오르는 교토의 기요미즈데라清水寺 앞에서도 초조함은 느끼지 못했다. 그러니 나도 덩달아 차분한 운전자가 될 수 있었다. 아내는 서울에서도 외국에서 하듯이 운전하라고 자주 이야기한다.

가끔 법이 허용한 속력에도 못 미치는 차들이 있었다. 그럴 땐 인내와 함께 추월 차선을 기다려야 했다. 짧으면 800m, 길면 1.5Km에서 2Km 정도 이어지는 추월 차선에선 'ECO 모드'로 설정된 자동차의 엑셀을 이래도 되나 싶을 정도로 강하게 밟아야 했다. 추월 차선이 생각보다 짧기 때문에 경쟁심이나 심심풀이 삼아 앞차를 앞지르는 건 위험했다. 몇 번 가속과 감속을 반복하다 보니 차 한 대 앞지르는 게 무슨 의미가 있나, 결국은 정속 주행을 하게 되었다. 추월 차선이 가까워지면 후속 차량이 쉽게 치고 나갈 수 있도록 속력을 줄이는 흐뭇한 광경도 자주 연출되었다. 나도 몇 번 그래 보았지만, 내 뒤에 오는 차도 함께 감속하며 우리 그냥 이대로 기차놀이를 하자는 신호를 보냈다. 하코다테에 가까워지자 차선이 다시 왕복 4차선으로 바뀌고 제한 속도도 80Km로 올라갔다. 어쩐지 그마저도 부담스러웠다. 노보리베쓰에서 무로란을 거쳐 하코다테까지 내려가는 길은 느긋했고, 자연스레 풍경이 보이기 시작했다.

밀란 쿤데라, 『느림』

밀란 쿤데라의 소설 『느림』의 화자인 '나'는 아내와 함께 프랑스 시골의 고성 호텔로 향하는 중이다. 왕복 2차선 국도, 한 번 순서가 정해진 운전자들은 잠자코 주어진 운명에 복종하며 추월하고 싶은 앞차가 샛길로 빠져나가기만을 기도할 수밖에 없다. '나'는 더 빨리 달릴 생각도 없거니와 시골 길은 속력을 내기에 적절하지도 않았다. 그러나 '나'의 뒤를 좇는 운전자는 조급하다. 마주 오는 차만 없으면 진작 엔진을 과열시키며 추월해 나갔을 것이다. '나'는 전원의 볼거리에 관심 없는 성마른 남자가 불편해진다. 그건 '나'의 아내도 마찬가지다. 그녀는 프랑스에서 얼마나 많은 운전자가 만용으로 죽어가고 있는지에 관한 불길한 통계를 떠올리는 중이다. '나'는 자신을 따돌릴 생각에 골몰한 백미러 속 남자를 보며 속도의 중독성을 생각한다. 속도에 매료된 사람들에겐 과거의 후회도, 미래의 근심도 없다.

'나'는 말한다.

> "두려움의 원천은 미래에 있고, 미래로부터 해방된 자는 아무것도 겁날 게 없다."

가속 페달을 밟기만 하면 얻어지는 운동의 힘, 속도의 쾌락은 우리를 세속에서 해방한다. 하지만 기술 혁명으로 속도를 얻은 인류는 그 대가로 차안대를 씌운 경주마처럼 시간과 공간과 감정을 음미하지 못한다. '나'는 느림은 기억과 한 묶음이고, 빠름은 망각과 짝을 이룬다고 생각한다. 그리하여 이렇게 선언한다.

> "느림의 정도는 기억의 강도에 정비례하고, 빠름의 정도는 망각의 강도에 정비례한다."

홋카이도의 자동차 도로를 달리며 평소보다 명백히 느려진, 가속의 여지도 없는 시속 70Km의 속력으로 수도 없는 기억이 비집고 들어왔다. 그건 아내도 마찬가지였다. 그러나 이상하게도 우리에게 떠오르는 기억들이 실은 우리의 기억이 아닌 것 같은 느낌이었다. 꼭 누군가에게서 빌려 온 기억 같았다.

사일로 엘레지

무로란에서 하코다테로 내려가는 길엔 때때로 바다가 보였다. 해안에서 일 킬로미터 남짓 떨어져 기가 막힌 드라이브 코스라 할 순 없었지만, 시야의 왼편이 갑자기 시큰해질 때, 바다가 저 멀리서 이름 모를 마을에 노크하듯 넘실거릴 때, 내가 하코다테에 가려는 이유가 목적지가 아닌 이 여정 자체에 있는지도 모른다는 생각이 들었다. 영원히 끝나지 않을 길, 과거의 회한과 미래의 불안을 지워줄 느림. 이것이 속도 광증과 명백히 다른 점이었다. 아무리 달려도 끝이 보이지 않는다면 제자리에 서 있는 것과 다를 바 없을 테고, 수많은 시간대의 내가 마침내 여기 한 점에 모인다. 나는 가속 페달을 거의 밟지 않은 채 조금씩 힘을 잃는 관성에 몸을 맡긴다.

풍력 발전기가 목가적인 풍경 위로 우뚝 솟아 있었다. 저 거대한 부드러움, 날개조차 은근한 곡선을 그리는 구조물에 영혼이 입을 맞춘다. 바람을 위해 만들었지만, 바람에 쉬 흔들리지 않는 굳건함이 느껴진다. 나는 언젠가 풍력 발전기 사이를 뛰어다니며 그것을 동경에 찬 눈으로 올려다본 적 있는 것만 같다. 해맑게 웃으며, 조각상처럼 멈춰버린 날개를 바라보는, 그때의 나는 바람개비를 들고 있었던가?

곧, 도로 위를 생태 다리가 가로지르고 다리 양옆으로 야트막한 언덕과 평원이 펼쳐졌다. 방목된 누렁소들이 풀을 뜯거나 애수에 젖어 먼 곳을 응시하고 있었다. 그중 한 녀석은 다리 위에서 우리를 내려다보았다. 소떼는 정말 가까이 있었다. 이쪽 도로변에서도, 반대편 도로변에서도 우리를 느긋하게 포위했다. 울타리 '안'은 이쪽이었다.

농장도 빈번히 나타났다. 광활한 경작지에 빨간 박공지붕을 뒤집어쓴 한두 채의 농가가 흩어져 있었다. 외국의 풍경이라면 모든 게 다 매력적이라 여겨지던 시절에 달력이나 윈도우 바탕

화면 같은 데서 자주 볼 수 있던 이국의 농장 풍경이 적당히 축소된 채 옮겨와 있었다. 특히 사일로가 보일 때마다 내 기분은 참을 수 없이 들썩였다. 미사일이나 급수탑처럼 생긴 기묘한 창고는 풍력 발전기가 그랬듯 잃어버린 감정을 되찾아주는 마력이 있었다. 광막한 대지 위의 외로운 존재 - 풍력 발전기, 목장, 빨간 헛간과 부식된 사일로. 이런 풍경이 마치 나의 기억 속 이미지 같았다. 정확히 나의 어떤 면과 맞물리는지는 설명할 수 없었지만 나는 감동하고 싶었고, 감동을 숨기지 않았다.

열 살 남짓, 긴 명절이 끝나고 시골에서 서울로 올라오는 고속버스 안에서 나는 최초로 여행하는 기분을 느꼈다. 서울이 가까워질수록 숫자가 줄어드는 표지판들이 줄지어 나타났고, 저 멀리서부터 희끄무레하게 보이다가 마침내 버스 옆으로 스쳐 지나가는 대형 광고판이 있었고, 국도로 우회하여 도착 시각을 조금이나마 앞당긴 기사 아저씨를 큰 목소리로 칭찬하며 다른 승객들에게 박수를 유도했으나 아무도 호응해 주지 않았던 맨 앞자리 승객이 있었다. 그러나 가장 좋아했던 건 땅거미가 내린 후에 보이는 아파트들이었다. 도로 펜스 너머, 들판 한가운데 소규모 아파트 단지가 서 있고는 했다. 어슴푸레한 우듬지, 구멍이 난 듯 까만 야산이 아파트 주변을 감싸기도 했다. 겹겹이 쌓인 거실 창엔 하얀 불이 들어와 있었고, 그 꺼지고 켜진 형태가 비밀스러운 신호를 보내오는 것 같았다. 옆자리의 어머니에게도 전할 수 없던 메시지, 세상은 외로운 곳이라는 한 줄의 메시지.

나는 외딴 아파트와 외딴 전광판, 외딴 컨테이너와 외딴 길, 외딴 가로수로 다가가 그것을 가까이 보고 손으로 만질 수 있을 때 그 메시지를 완전히 이해할 수 있으리라 믿었다. 그건 아마도 최초의 동경이었다.

당신과 나누어 쓰는 기억

"그러니까 여긴 기억 대여소야."

나는 끝내 그런 말을 내뱉고야 말았다.

"대여소라는 말은 어감이 좋지 않은데."

"그럼 북해도……, 뭐라고 하는 게 좋을까?."

"이 길에서 다른 사람의 기억이 전해진다는 말은 그럴싸하지만, 나는 이미 내가 봤던 걸 다시 보는 기분도 들어. 그러니까 대여소라기보다는……."

아내가 무슨 말을 하는지 알 것 같았다. '이곳'에서 '그곳'이 떠오른다 - 나는 우리의 레퍼토리가 새로운 경험을 거부한다거나 과거의 달콤한 면에만 집착하는 건 아닐까 걱정되기도 했다. 하지만 떠오른 기억들은 우리의 마음을 열어주고, 새로운 환경에 빨리 적응하게 하며, 모든 걸 더 잘 이해하도록 도와주었다.

삿포로 오도리 공원에서 시애틀의 다운타운을 떠올렸다고 해서, 오타루의 아사쿠사 다리에서 암스테르담의 운하를 돌이켰다고 해서 홋카이도가 다른 것으로 치환되지는 않는다. 오히려 미래의 선명한 기억을 위해 비유될 뿐이다.

나와 아내는 이 놀이를 계속해 보기로 했다.

야쿠모八雲, 여덟 덩어리 구름이라는 지역이 표지판에 등장하며 남은 거리가 줄어들 즈음, 안개가 몰려들어 지평선을 덮었다. 밀려 내려온 구름은 잿빛이었다. 마을은 신화의 배경이 되어버렸다. 이름 그대로의 풍경이었다.

우리는 시내로 들어가진 못하더라도 가까운 휴게소엔 들렀다 가기로 했다. 실내 놀이터까지 있는 카페는 규모가 무안할 정도로 한적했다. 전면 창에서는 바다까지 탁 트인 시야 아래 캠핑장과 공원이 보였다. 바다로 곧장 이어진 국도가 풍경을 세로로 나누고 있었는데, 길 양옆 측백나무 사이로 차들이 바다를 향해 달려나갔다. 나타날 때부터 사라질 때까지 오랜 시간을 들이는, 느리게 살 줄 아는 이들이었다. 주차장으로 돌아오자 내륙 쪽은 완전히 구름의 점령지였다.

"그때 기억해? 갑자기 예고도 없이 안개가 막 밀려왔던 때. 샤흘르부아Charlevoix였나? 앞이 진짜 하나도 안 보였잖아."

나와 아내는 함께 캐나다를 여행할 때를 떠올렸다. 우리는 언젠가부터 공동의 기억을 쌓아올리고 있었다. 가끔은 나의 기억이 그녀에게, 그녀의 기억이 나에게 전이되어 꼭 자신의 것 같다는 느낌이 들기도 했다. 혹여 아내도 오늘, 길에서 스친 외딴 존재를 동경했을까?

나는 아내에게 이렇게 말하고 싶었다. 어느덧 여행이 반이나 지나가 버렸지만, 여전히 당신이 삿포로를, 여기 홋카이도를 나만큼 좋아하게 될는지는 모르겠다고. 그런데 그건 중요한 게 아니라고. 우리의 아이와 함께 여행했다는 사실만큼은 당신이 아름답게 추억하리라 믿는다고. 훗날 다른 곳을 함께 여행할 때 우린 이 날들을 떠올리게 될 거라고. 갑자기 안개가 찾아온 야쿠모라는 곳에서 안개를 보았지, 웃으며 말할 게 분명하다고.

그러나 하코다테를 코앞에 두고도 말주변은 늘지 않았다. 부도심에 접근하자 커다란 간판을 세우고 널찍한 주차장을 확보한 아웃렛 스타일의 상점들이 잇따라 나타났다. 그 자체로 거대한 서고를 연상케 하는 츠타야 서점도 반갑게 지나쳤다. 그러다 시내로 들어서면서 나도 모르게 뭉클해졌다. 노면전차가 도로 중앙에 멈춰 손님을 태우고, 나지막한 하코다테산은 도시의 배경으로 묵묵히 서 있었다. 홈이 파인 아주 넓은 길을 사람들은 종종걸음으로 가로질렀다. 약 150년 전부터 꾸준히 지어진 옛 서양식 건물들이 조용히, 그러나 놀라울 만큼 빠르게 사방으로 펼쳐졌다. 하늘엔 그물 같은 전차의 가선架線이 어지럽게 뻗어 있었다. 따로 따로 알고 있던 것들이 지금껏 보지 못했던 방식으로 한자리에 모여 있었다.

현대의 속도가 오래전에 파괴하고 부서트렸어야 마땅한 것들이 이곳에서도 살아남는 데 성공하였다. 아마 이곳도 '느릴' 것이다. 그게 노면전차가 레일 위를 굴러가는 속도든, 사람들의 걸음걸이든, 건물이 새 시대에 적응하는 과정이든 간에, 쇠퇴라고 말할 수는 없는 느림이 이 도시에 어렸을 것이다.

별다른 말이 없어도 아내가 하코다테가 간직한 지난 시대의 이미지에 마음을 빼앗기고 있음을 알 수 있었다. 우리의 공동의 기억 안에 모든 힌트가 다 들어 있었다. 기억의 속도는 느림의 강도에 정비례한다고 했지. 나는 또 얼마나 많은 타인의 기억과 대면하게 되려나.

내가 저지른 바보짓은 하코다테에서 하룻밤만 보내고 삿포로로 돌아가겠다고 세운 여행 계획이었다. 어둠은 빠르게 다가오고, 아내를 기쁘게 할 기회를 영영 놓쳐버릴지 모른다는 조급함이 나를 다그쳤다. 그만큼 액셀을 밟진 못했지만, 마음은 벌써 짐을 푸는 시간까지 앞질러 가 있었다. 도로 위에서 몇 시간이나 음미했던 느림, 그 덕분에 떠오른 생생한 기억들이 어디론가 흩어져 버릴까 두려웠다.

外国人墓地
Foreign Cemetery
立待岬
Cape Tachimachi
函館山
赤レンガ
倉庫群
40m
北洋銀行
3001
5

10.
베리 베리 하코다테

19세기 중반, 미국이 일본의 항구를 탐냈던 것은 포경업과 무역업 때문이었다. 주요 고래 포획지였던 북서태평양 인근에 자국 선박이 보급품을 채우고 유사시에 정비도 할 수 있는 보급항이 필요했다. 그래서 미국은 함대를 보내 일본과 반강제적으로 가나가와神奈川 조약*을 맺는다.

미정부의 대리인이었던 매튜 페리Matthew C. Perry 제독은 원래 일본 본토의 시모다下田와 에조치**의 서남쪽 마쓰마에松前 항구를 개항하라고 요구했다. 하지만 에도 막부는 마쓰마에 항구가 그쪽 번주의 본거지라는 핑계를 대며 협상을 끌었다. 그러면서 배를 대기에도 훨씬 나을 거라며 엉뚱한 데를 추천했다. 하코다테라는 곳이었다.

페리 제독은 하코다테항을 보자마자 일본인들에 대한 의심을

* 1854년 3월 31일, 가나가와에서 미국과 일본이 맺은 조약. 여기서 에도 막부는 미국 선박에 시모다항과 하코다테항을 개항하기로 약속함으로써 오랜 쇄국 체제를 끝냈다. 한국에선 흔히 '미일 화친조약'이라 불린다.

** 홋카이도의 옛이름

씻었다. 그들의 말이 옳았다. 항구를 품에 안은 다치마치곶立待岬이 강한 바람으로부터 배를 보호해 주고, 해안가 바닥도 닻을 꽉 잡아주는 탄탄한 지질이었다. 계류장도 무척 넓었다. 페리는 일 년 넘게 남은 개항 시점*을 기다릴 수 없을 지경이었다.

반면 하코다테는 페리의 위협적인 함대와 막부의 결정에 겨자를 씹는 표정으로 따를 수밖에 없었다. 한편에선 선원들을 위한 공연을 준비하고 다른 한편에선 여자와 아이들을 마을 밖으로 대피시키는 등 난리가 났지만(페리의 선원들은 하코다테에 머무는 동안 여성은 한 명도 보지 못했다고 한다), 어쨌든 이 어색한 만남이 하코다테가 세상으로 디딘 첫걸음이었다.

가벼운 산책

호텔 방은 예상을 했어도 놀랄 만큼 작았다. 그나마 삿포로에서 묵었던 곳보다는 양호한 편이었다. 가방 거치대와 침대를 붙이면 가장 큰 캐리어를 펼칠 수 있었다.

방에는 '발코니'도 있었다. 방에 귀속된, 실내용 슬리퍼를 신

* 일본은 개항을 하려면 준비할 시간이 필요한데, 하코다테가 에도로부터 엄청나게 멀다는 이유로 조약이 체결된 시점에서 일 년 반 후, 그러니까 1855년 9월 17일부터 항구를 열겠다고 했다.

고 자유롭게 오가며 사용하는 공간이 아니라 건물 외벽과 방 사이에 생긴 자투리 공간이었다. 바닥은 시멘트 그대로에 흙먼지투성이라 나갈 땐 꼭 신발을 신어야 했다. 벽에는 네모난 구멍이 뚫려 창의 역할을 대신했는데, 그 프레임 사이로 도심이 내려다보였다. 그게 묘하게 운치가 있었다.

우리에게 주어진 시간은 고작 하룻밤과 반나절의 낮. 내 심정을 아는지 모르는지, 해는 무심하게 저물고 있었다.

잠시 휴식을 취하고 호텔을 나서려는데 이번엔 로비에 작게 마련된 놀이 공간에 아들이 마음을 빼앗겼다. 아이는 부드러운 소재로 마감된 파스텔톤 벽만으로도 그게 자기 놀이터라는 걸 알았다. 그러고 보면 오늘 하루 심심했을 터였다. 무로란의 마트에서 장난감 자동차를 얻어내는 쾌거를 이루긴 했으나(진열장에서 직접 꺼내 들고는 절대로 손에서 놓지 않아 그대로 계산대까지 가야 했다) 실상 대부분의 시간을 카시트에 앉아 잠을 자거나 창밖을 보면서 보냈으니 말이다.

아이가 신발을 벗어 던지고 노는 모습을 보며 마음을 가다듬으려 노력했다. 무료로 주는 커피와 망고 젤리도 챙겨 먹었다. 하지만 자꾸 시계를 보게 되는 조급함은 어쩔 수 없었다. 얼른 저 미지의 공간으로 나를 밀어 넣고 싶었다.

해는 졌는데 하늘은 여전히 투명했다. 실 뭉치 같은 구름 위로 은은한 광채가 흘러나왔다. 반쯤은 어둠에 묻히고 반쯤은 가로등 불빛에 드러난 건물들은 어떤 전성기를 재현한 영화 세트장처럼 보였다. 하지만 때가 타거나 희치희치한 외벽은 눈에 보이는 모든 것이 실제의 역사라고 증언하고 있었다.

얼마 걷지 않아 멋진 교차로가 나타났다. '주지가이十字街*'라는 푯말이 이곳이 한때 하코다테의 중심이었음을 알리는, 그러나 기념비라고는 오래된 승강장뿐인 사거리였다. 땅에서 한 계단 정도 높은 플랫폼에 서 있으면 「센과 치히로의 행방불명」에서 바다를 달리던 열차처럼, 그림자 같은 무명의 기억들이 쓸쓸하게 앉아 있는 열차에 올라탈 수 있을 것 같았다. 실제로 정류장에 들어선 빨간 노면전차는 곧장 박물관에 들어가도 될 만큼 낡아 보였다. 관객의 감수성을 자극하려고 배치한 장치 같았다. 놀이방에서 더 놀지 못해 심통이 났던 아이도 전차의 등장에 관심을 보였다.

여기서 북서쪽으로 올라가면 항구였다. 길을 건너자 빗방울이 떨어졌다. 붉은 벽돌로 지어진 거대한 창고들이 저 멀리 크리스마스트리처럼 반짝이는 부둣가로 길을 내어주었다. 유모

* 홋카이도 곳곳에 동명의 교차로가 있으며, 주로 도심의 큰 교차로에 붙이는 이름이었다.

718
SNAFFLE'S
5

차 차양을 내리고 급히 걸음을 옮겼다. 젖어드는 게 빗물인지 분위기인지 알 수가 없었다. 간을 보던 먹구름이 재빨리 서로의 밑으로 비집고 들어가더니 '베이 에어리어ベイエリア'라 불리는 항구 주변에 도착하자 급작스레 한밤이 되어버렸다. 선 너머 바다는 미처 창조되지 못한 현실처럼 탁했다. 조명을 밝힌 배 한두 척만이 여기가 세상의 막다른 길임을 알려주었다. 하코다테의 햄버거 프랜차이즈인 럭키 피에로ラッキーピエロ, 삿포로 생맥주는 물론 직접 양조한 지비루地ビール*도 파는 하코다테 비어홀函館ビヤホール, 그리고 우리가 잘 아는 바다 마녀의 커피집이 눈에 띄는 규모를 자랑하며 오늘의 마지막 손님을 기다리고 있었다.

대체로 문을 닫는 분위기라 다른 선택지는 없는 가운데, 그렇다고 햄버거 가게나 맥줏집에 들어가고 싶지는 않았다. 바닷바람을 맞아 피로가 몰려왔고, 벌써 밤의 하코다테에 충분히 감화된 것 같기도 했다. 문득 호텔을 나서 교차로를 지나 여기까지 오는 동안 오늘 저녁 보아야 할 모든 것을 다 봤다는 생각이 들었다. 우리는 기대에 차 시작했던 산책을 돌연 여기서 마치기로 했다. 실망 때문은 아니었다.

---

* 각 지방의 중소규모 양조장에서 생산하는 지역 맥주.

マリーナ末広店

아메리칸 드림

'베리 베리 비스트The Very Very Beast', 식당의 이름은 그랬다. 저녁을 먹지 않았는데도 기꺼이 호텔 앞으로 돌아왔던 건 방 창문을 통해 내려다봤을 때부터 눈길을 끌었던 그 이름 때문이었다. 식당은 우리가 묵는 호텔 바로 앞에 있었다.

양이 많고 기름지고 온갖 소스가 잔뜩 들어간 '짐승' 같은 음식을 팔 거라는 예상은 거의 틀리지 않았다. 메뉴판에는 오므라이스나 함박 스테이크 같은 일본 경양식이 올라와 있었다. 노보리베쓰에서 무로란을 거쳐 하코다테까지 달려온 긴 하루였고, 그러니 열량 높은 음식을 먹어야 한다는 다짐 같은 게 우리에겐 있었다.

게다가 아까부터 달착지근하고 따끔한 청량감을 강조하는 초창기 코카콜라 컨투어병 포스터에서 눈을 뗄 수 없었다. 아니, 코카콜라뿐만 아니라 베리 베리 비스트의 내부는 온갖 미국의 이미지로 가득 차 있었다. 적어도 오륙십 년 전에 현역으로 뛰었을 홍보물을 그럴싸하게 재현한 버드와이저 광고, 주마다 배경이 다른 미국의 자동차 번호판, 루트 66을 찍은 사진, 상념에 빠진 메릴린 먼로의 일러스트, 그리고 몇 장의 성조기. 오므라이스나 함박 스테이크는 미국 음식도 아닌데, 가게 분위기와 참 잘 어울렸다. 나는 콜라와 맥주를 번갈아 마시며 오므라이스 접시를 싹싹 비웠고, 그러면서 이 정도면 '미국 가정식을 선보이는 미국인 주방장의 솜씨'가 아니겠냐는 이상한 생각을 하고야 말았다.

개항 후 반세기 넘는 시간 동안 하코다테엔 수많은 이방인이 찾아왔다. 미국에 이어 영국과 러시아도 찾아와 항구를 열어 달라 졸랐고, 곧 일본과 서양 간의 통상 조약도 맺어졌다. 홋카이도의 중심 도시로 삿포로가 부상하면서 하코다테는 쇠퇴의 길로 들어섰으나 국제 항구로서의 입지는 흔들리지 않았다.

외부인들은 하코다테에서 다양한 인상을 받았다. 항구로서는 최고의 입지라 했고("넓고, 장엄하다. [...] 세계 어디에도 뒤처지지 않는다"), 가끔 외국인 혐오 사건이 벌어지긴 했으나 대체로 마을 사람들은 친절했으며("아시아에서 보낸 가장 즐거웠던 시절 중 하나"), 19세기 중후반까지는 정말 형편없는 마을이었음에도 ("길은 넓고 깨끗하지만 집들은 초라하다. [...] 불쏘시개 같다"), 바다는 빼어나게 아름다웠다("하코다테는 베수비오산을 배경 삼은 나폴리를 연상케 한다." "이곳은 야자수 없는 열대 바다 같다"). 심지어 자신의 고향을 떠올린 군인도 있었다("나무집, 판자 울타리, 돌을 쌓아 만든 부두, 목조 창고, 바다, 그리고 누런 언덕이 뉴잉글랜드를 상기시킨다"). 그 흘러간 원주민들, 여행자들, 개척자들, 군인과 사냥꾼들, 상인들, 예술가들이 각자의 영역에서 도시의 풍경을 조금씩 바꾸어 놓았고, 우리가 보는 것은 그 변화의 누적이었다.

페리 제독과 그가 이끈 함대의 등장은 일본을 새로운 시대로 이건 역사적 사건이 분명하고, 앞으로도 그렇게 기억될 것이다. 그러나 여차하면 포격을 가하겠다는 의지로 찾아와 억지로 개항을 끌어냈다는 점에서 페리 제독은 일본인들 입장에선 평가가 갈릴 수밖에 없는 인물이다. 오죽했으면 그가 탄 검은 배를 부르던 '쿠로후네黒船'가 고유 명사*처럼 쓰일 정도로 깊이 각인됐을까. 하지만 하코다테시에서는 2004년 페리 제독 방문 150주년을 기념하는 전신상을 세웠다. 기념비는 그를 평화와 우호의 사절로 묘사하며, 그의 공적이 앞으로의 세대에도 귀감이 될 거라고 이야기한다.

어쩌면 지금 앉아 있는 베리 베리 비스트 또한 그 결과물 중 하나일지 몰랐다. 식당 인테리어야 주인의 취향을 따르는 법이고 이런 인테리어가 드문 편도 아니지만, 어찌 됐든 온통 미국의 심볼로 채워진 이 레스토랑은 묘하게 하코다테와 잘 어울렸다. 아니, 애초에 도시의 역사와 함께 흘러온 작은 지류인 것만 같았다. 녹슬고 닳고 찌그러진 오너먼트에서 풍기는 멋스러움은 문을 열고 내다본 거리에도 옅게나마 흐르고 있었다.

* 외국, 특히 미국의 인물, 기업, 상품 등이 일본에 들어와 큰 반향을 일으켰을 때, 이를 '쿠로후네'라는 관용어로 표현하기도 한다.

Coca-Cola
ENJOY THAT
Refreshing
NEW Feeling
BEAST
Carlsberg
Budweiser
野外劇
ICE COLD
Coca-Cola
IN BOTTLES
SOLD HERE
STATE LAW
REQUIRES THAT YOU
WASH YOUR HANDS
LEY DEL ESTADO
LAVEN SUS MANOS
ANHEUSER-BUSCH
BOTTLED BEERS
サッポロビール
クラシック・CLASSIC
RADIO FLYER

세계 3위의 꿈

"그래서, 정말 세계 3대 중의 하나로 꼽힐 만했어?"

"글쎄……."

호텔 방으로 돌아오니 아들이 깨어 있었다. 아이는 베리 베리 비스트에서 함박 스테이크 몇 점을 집어먹다 잠이 들었다. 그게 약 한 시간 반 전 일이고, 나는 막 어딘가를 다녀온 참이었다.

"찾아보니 다들 그렇게 말하더라. 누가 세계 3대 야경이라 했는지 모르겠다고, 그런데 예쁘긴 했다고. 당신이 보내준 동영상을 봐도 그렇고."

당장 인터넷 검색창에 "하코다테 야경"이나 "세계 3대 야경"이라고 쳐 봐도 비슷한 이야기를 하는 사람이 숱하게 나온다. 하코다테산 전망대에서 본 하코다테의 야경은 아름다우나 세계 3대랄 것까지는 아니라는 식의. 나는 그런 일관된 감상을 불러일으킨다는 게 더 대단하다는 생각이 들었다.

"그래도 같이 갔으면 좋았을 텐데."

"애가 잠든걸. 얠 데리고 언덕을 오르기도 쉽지 않았을 거고, 나도 쉬니까 이제 좀 괜찮아."

베리 베리 비스트에서 포장해 왔던 피자에 아이의 잇자국이 나 있었다. 나는 그 조각을 마저 해치우며 제안했다.

"이대론 아쉬우니까 편의점에라도 갈까?"

물론 아내보다 아이가 더 좋아했다.

이번 여행을 시작한 후 처음으로 나 혼자 움직였다. 원래 저녁을 먹고 함께 하코다테산 전망대에 오르려 했지만, 아이가 잠든 데다 언제 다시 비가 다시 올지 모르고 아내도 몹시 피곤한 상태였다. 아내는 혼자 다녀오라고 권했다. 당신, 사진 찍는 걸 좋아하니까 올라가서 직접 보고 찍어 오라고. 정말 세계 3대 야경이 맞는지 알려달라고.

오후 9시가 조금 안 된 시각이었는데 지도를 펼쳐보니 열심히 걸으면 무리는 아닐 것 같았다. 아내는 알지 못했지만, 갑자기 혼자 다니려니 어딘지 어색하고 어쩐지 불안해서 망설여졌다. 그러다가 오후 9시를 넘겨 마음을 굳혔는데,그때부턴 어떻게든 빨리 갔다 와야 한다는 생각뿐이었다.

전장에 나가는 것도 아닌 주제에 아내를 한 번 포옹하고 로비를 나섰다. 호텔부터 케이블카 정류장인 산로쿠역[山麓駅]까지는 줄곧 언덕이었다. 지도가 제안하는 도보 루트가 10분이었으나 그걸 7분 만에 주파하며 쾌재를 불렀다. 덕분에 "성인 한 명"이라는 말을 하기도 힘들 만큼 헐떡였지만, 곧바로 케이블카를 탈 순 있었다. 스무 명은 족히 들어갈 만한 케이블카엔 직원과 나 둘만 탔다. 하코다테산은 해발 334m로 그리 높은 산은 아니다. 그러나 고도가 높아질수록 사람들이 무엇을 보고 감탄했는지 알기엔 충분했다.

산 위에서 본 하코다테 시내는 모래시계처럼 생겼다. 도시의 조명도 석양을 받은 모래알처럼 반짝였다. 노면전차가 다니는 도로가 가장 넓어서 ㅅ자, 또는 힘껏 달리는 사람 형상이 주황빛으로 도드라져 보였다. 세 길이 만나는 교차점이 주지가이 교차로임을 알 수 있었다. 시내의 양쪽 허리로는 바다가 밀려들어와 있었다. 꼭 물 위에 거대한 다리가 떠 있는 것 같잖아. 화려한 맛은 없지만 바다를 양옆에 낀 도시라는 지형 자체가 매력적이었다. 세계 3대 야경이 될 수 없는 이유도, 그렇지만 아름다움을 부정할 수 없는 이유도 알 것 같았다. 자리를 바꿔가며 사진을 찍고, 영상으로 촬영하여 아내와 아이에게 메시지를 보냈다. 가족이 함께 올라오지 못해 아쉬웠으나 한편으론 이렇게 센 바람을 맞으며 고생할 필요까진 없겠다 싶어 다행이었다. 밤의 하코다테는 그런 곳이었다.

도톰한 겉옷의 지퍼를 목 끝까지 채우고 후드도 쓴 아이는 재빠르게 곤약 젤리를 확보하고는 신나게 로손의 점내를 돌았다. 5월인데 밤 날씨가 꽤 서늘했다. 편의점은 호텔 바로 건너편에 있었다. 빨간 신호 한 번쯤은 무시할까 싶을 만큼 오가는 차도 거의 없었다. 나는 일본산 자양강장제 앞에서 망설이다가 여느 때처럼 술이나 사기로 했다. 불과 몇십 분 전에 다녀온 전망대가 훌쩍 넘어간 페이지처럼 느껴졌다. 위에서 내려다보았던 풍경 어딘가, 반짝이던 작은 점 안에 우리가 있었다. 홀로 있어야 하는 높은 곳과 누군가와 함께하는 낮은 곳에 관한 오래된 은유, 이를테면 니콜라스 케이지의 「패밀리맨」 같은 수많은 가족 영화의 요약을 체험하고 있는 것 같았다.

결혼을 한 후 혼자 여행할 일은 없어졌다. 내가 홀로 다녀온 여행은 11월의 삿포로가 마지막이었다. 나는 방황이라고 부를 수 있을 삶의 부침 중 하나가 거기서 끝이 났음을 깨달았다. 나는 글을 쓰며 살겠다는 결심을 확고히 했다. 그녀는 동반자로서는 무모하게 느껴질 수밖에 없을 그 결정에 적극적으로 편을 들어 주었다. 나는 이제 혼자 멀리 떠나는 짓은 하지 않는 대신 서재에 틀어박혀 글을 쓴다. 사실 그것도 멀리 가 버리는 일과 다르지 않을지도 모른다. 그러나 텅 빈 케이블카로 올랐던 하코다테산 전망대에서 야경을 촬영하고 영상 메시지를 담아 보냈듯, 마음은 문 저편에서 서성이곤 한다. 11월의 삿포로만큼 멀리 가는 일은 다시 없을 것이다.

"자기는 뭘 마실 거야?"

"나도 곤약 젤리가 좋은데."

편의점을 나서자 신호등도 꺼지고 모든 길이 열려 있었다. 아들은 침대에 앉아 곤약 젤리를 받아먹으며 "마시쪄"를 연발했다. 기쁨을 어찌할 수 없어 절로 춤사위가 나왔다. 엄마 아빠가 한 입 먹으려고 하면 아이는 "아기 거야!" 하고 펄쩍 뛰며 저가 좋아하는 기린처럼 목을 길게 빼고 입을 벌렸다. 우리는 그 모습에 웃음을 터트렸다. 세계 3위가 되고 싶었던 야경도 아름답긴 했지만, 그때 좁은 방안에서 우리가 웃었던 시간에는 미치지 못했다.

언덕의 명장면

낮에 찾은 베이 에어리어는 근저의 도심은 물론, 당장 전날 밤과도 분위기가 달랐다. 빛과 색을 되찾은 바다, 밤사이 맑아져 흰 구름 몇 조각 유유히 떠다니는 하늘, 반반하게 닦인 포석 산책로. 산책로에 묶인 보트의 돛대가 펄럭이며 여가를 값비싸게 보낼 줄 아는 이들의 여유를 주변으로 퍼트렸다. 녹음으로 도톰해진 하코다테산은 뛰어가면 곧장 닿을 듯 가까이 보였다. 가네모리 아카렌가 창고[金森赤レンガ倉庫]는 재건된 지도 100년이 넘는 세월이 무색할 만큼 생생한 붉은색이었다. 어제는 그저 어두침침한 돌덩어리였는데.

빨간 벽돌 옆, 다리 위, 누군가의 보트 앞, 햄버거를 들고 웃는 피에로의 턱밑. 사람들은 그렇게 사진으로 이 순간을 소유하고자 애썼다. 어디선가 흥겨운 음악이 들려오는 한낮의 놀이동산에 온 기분이었다. 이대로 모토마치[元町] 언덕까지 올라간다면 그야말로 완벽한 날의 완벽한 산책이 될 것 같았다.

모토마치는 개항 초기 외국인 거주지로 지정되었던 곳이다. 그렇다고 외국의 관리, 상인, 군인, 장기 여행자 들이 이 동네에만 모여 살았던 것은 아니지만, 가난한 어촌은 대사관을 비롯해 여러 종교의 교회나 성당이 집중적으로 들어선 중심가로 발전했다.

하코다테는 개항 이후 몇 번이나 현재의 모습을 잃을 뻔했다. 1879년, 1907년, 1934년의 대화재를 비롯하여 크고 작은 화재가 끊이질 않았다. 태평양 전쟁 막바지에 하루 두 차례 폭격을 당했을 때도 앞선 대화재만큼의 피해는 보지 않았을 정도였다. 그런 재난에서도 살아남은 서양식, 또는 서양과 일본식을 절충한和洋折衷 건축물들이 여전히 모토마치를 이 도시에서 가장 의미 있는 지역으로 만들고 있었다.

그러나 언덕은 언덕이고, 아이가 탄 유모차를 밀어 올리는 일은 산책보단 노동에 가까웠다. 자칫하면 「전함 포템킨」이나 「언터처블」의 명장면이 재현될까 두려워 허리를 거의 90도로 굽혀야 했는데, 그렇게 오른 하치만자카八幡坂는 모토마치의 '명장면'이었다. 항구까지 이어지는 내리막길은 일직선으로 쭉 뻗어 있어 발을 잘못 디디면 바다로 빠질 것만 같았다. 착시에 의해 엄청나게 압축돼 보이는 고점과 저점 사이에는 깨끗한 도로, 싱그러운 가로수, 품위 있는 주택과 모형 같은 자동차들이 모두 들어 있었다. 바다 한가운데엔 약 30여 년 전까지 섬과 본토의 철도를 연결하던 연락선連絡船, 마슈마루摩周丸가 정박해 있었다. 이젠 기념관이 되어 배도 건물도 아닌 정체성으로 제 자리를 지키는 폐선이었지만, 여기서 볼 땐 갑자기 고동을 울리며 항구를 빠져나가도 이상하지 않겠다 싶었다.

"언덕은 싫지만, 이런 데서 살면 좋겠다. 정말 좋겠어."

최초의 낯설고 들뜬 시간이 지나면 삶은 그 어디서라도 진부한 일상에 잡아먹힐 것이다. 하지만 이곳이라면 그 속도나 강도가 얼마간 줄어들 수도 있겠다. 열린 창문으로 불어 들어온 봄바람에 모든 일이 괜찮아질 거란 막연한 희망이 생기듯, 언덕과 항구의 풍경이 매일의 마음 안으로 스며드는 기쁨을 우리는 상상하고 있었다. 혼자였다면 품지 않았을 바람이었다. 오직 함께이기에, 절대 놓을 수 없는 유모차 손잡이처럼 꼭 붙잡아야 할 종류의 삶이 우리에게 생겼다.

하치만자카에서 모토마치 공원으로 이어지는 길인 미나토가오카港が丘는 '아이스크림 거리'라고도 불리는 모양이었다. 그런 별명이 붙을 정도로 아이스크림 가게가 많은 건 아니었지만, 호객 점원이 챙겨주는 할인 쿠폰은 소중하게 주머니에 넣었다. 그러다가 어느 매장 앞에서 커다란 까마귀가 아이스크림을 든 여자에게 달려드는 걸 보고 먹고 싶던 마음이 싹 가셨다. 여자는 비명을 지르며 고개를 숙였고, 까마귀는 여자의 머리를 한 번 쪼더니 위협적으로 주위를 맴돌았다. 가게 주인이 얼른 안으로 들어오라고 소리쳤는데, 반말이었던 걸 보면 그만큼 다급한 상황이었다. 이 동네에서 살고 싶다던 우리의 소망이 여자의 아이스크림과 함께 곤두박질쳤다.

"까마귀는 너무 무서워."

"까마기 무셔."

웃지 못할 해프닝에 우리는 까마귀가 보이지 않는 길을 골라 언덕을 내려왔다.

유명세도 있지만 실제로도 부촌이겠다 싶은 모토마치 일대는 고베의 기타노이진칸北野異人館을 닮았다. 개항 이후 일본에 유입된 외국인들이 살던 동네라는 공통점도 있고 형성된 시기도 비슷하다. 유난히 웨딩 관련 숍이 많았던 기타노이진칸이 조금 더 고급스러운 이미지랄까. 모토마치의 어느 집 앞에 널린 빨래를 보며 그래도 여긴 서민적인 면이 남아 있다는 인상을 받았다. 역시 "까마귀만 아니라면."

이제 남은 시간이 얼마 없었다. 하코다테에 오면 반드시 보고 가야 한다던 서양식 성곽 고료카쿠五稜郭도 기약 없는 장소가 되어버렸다. 하지만 짧은 산책을 모토마치에서 마무리하였기에 이걸로 되었다는 생각도 들었다. 이 도시 최초의 이국 개척자처럼 한눈에 하코다테의 매력을 알아본 것으로 여행의 성과는 달성한 셈이었다.

페리 제독은 하코다테를 떠난 후 다시는 이곳으로 돌아오지 못했다. 그럴 이유도 없었고 그럴 수 있을 만큼 나이가 적지도 않았다. 그렇지만 우리에겐 아직 기회가 있었다. 아내는 언젠가 홋카이도에 다시 왔을 땐 하코다테에 오래 머물렀으면 좋겠다고 말했다. 나는 아내가 홋카이도에 다시 와야 할 이유를 만들었다는 게 좋았다. 11월의 삿포로가 구원을 받을지는 여전히 미지수이지만, 최소한 이 섬은 아내의 마음속 볕 드는 곳에 자리를 잡았다.

그리고 조금 더

하코다테 시내를 돌아다니다 보면 예쁘다거나 정감이 간다고 말하긴 곤란한 피에로의 얼굴을 한두 번은 보게 된다. 로컬 햄버거 전문점 '럭키 피에로'는 하코다테를 찾은 사람에겐 피할 수 없는 숙명과도 같은 곳이다. 시내에만 열일곱 군데 매장이 있는데, 일본 전도를 펼쳐 놓고 보면 또 그 열일곱 군데가 전부라 희소성이 있다. 처음엔 일본까지 와서 햄버거는 무슨, 회의적이었던 마음도 떠날 즈음이 되면 그래도 먹어는 볼까, 긍정적으로 변하고 만다. 심지어 점포마다 테마가 달라 수집욕이 있는 사람이라면 모든 매장을 섭렵하겠다는 도전 의식이 생길 만도 하다. 우리는 도시락 대신 햄버거를 싸서 하코다테를 떠나자고 결정했다.

우리가 간 곳은 호텔에서 그리 멀지 않은 '주지가이 긴자점十字街銀座店'이었다. 매장의 테마는 '산타클로스, 그리고 크리스마스'였다. 오타루 오르골당에서 떠올렸던 퀘벡 시티의 크리스마스 상점처럼 이곳 역시 일 년 내내 크리스마스 분위기를 내는 곳이었다.

럭키 피에로의 창업주가 산타클로스 인형을 모으는 게 취미라 여행을 다닐 때마다 수집하던 것이 1993년 개점 당시엔 2,500점, 지금은 그 두 배로 늘어나 약 5,000점이 전시되어 있다고 한다. 항시 크리스마스 캐롤이 흐르고 다른 매장과 비교해도 가장 복고풍으로 꾸며져 있다. 눈 없는 홋카이도였지만, 의외의 장소에서 겨울의 발치를 보게 되었다. 언젠가 하코다테를 다시 찾았을 때 햄버거가 먹고 싶다면, 열일곱 개 매장 중 꼭 이곳에 들르리라는 사실 또한 우리는 알고 있었다. 그건 살면서 잊혀도 결국엔 지키게 되는 신비한 약속 같은 거였다. 우리는 그 어떤 유명 관광지에서도 시도해 본 적 없던 일, 카메라의 타이머를 맞춰 세 사람이 함께 나오는 가족사진을 찍기로 했다. 영화 속에만 존재한다 여겼던 이상적인 크리스마스가 얼마간 손에 잡힐 듯 가까이 와 있었다.

햄버거는 츠타야 서점 주차장에서 먹었다. 정작 서점 안은 아내와 번갈아 가며 화장실을 다녀올 때, 먼 길을 달리는 동안 목을 축일 커피를 주문할 때만 흘끗 보았을 뿐이다. 삿포로로 돌아가는 길은 오던 길의 역순이었다. 우리는 안개가 잔뜩 끼었던 야쿠모 휴게소에 들렀고, 똑같은 농장과 똑같은 풍력발전기와 똑같은 소 떼를 보며 오후를 가로질렀다. 앞서가던 차가 속도위반으로 경찰에게 끌려가는 장면도 목격했다. 놀라서 멈칫하다가 경찰들의 인도를 받아 갓길에 차를 세우는 운전자의 체념이 자동차 꽁무니에서 오롯이 느껴졌다. 덕분에 나도 액셀을 밟는 힘이 한없이 약해져 삿포로에 도착했을 땐 밤의 지척이었다. 렌터카를 반납하고 기타주산조히가시역이 가까운, 겹벚꽃이 핀 눈에 익은 주택가 공기를 들이마시며 집 앞에 온 듯한 아늑함을 느꼈다. 이 모든 여행이 시작된 곳으로 돌아왔다.

렌터카 사무실에서 잡아 준 택시에서 내려 캐리어를 끌고 골목을 걸어갔다. 이번엔 스스키노에서 조금 떨어진 지역이라 노리아 관람차가 보이지 않았다. 하지만 여행의 환상을 지탱해 줄 존재가 더는 필요하지 않았다. 저녁은 뭘 먹을까 묻는 아내의 표정엔 어느새 이 적적한 도시를 받아들이고 익숙하게 여기게 된 사람의 편안함이 있었다.

HAKODATE

8004
5

11.
Whatever, 파르페

이 노래가 뭐냐고 묻고 싶었지만 그러지 못했다. 주인은 종로 한 귀퉁이에서 LP 바를 운영하면서 비정기적으로 록에 관한 팸플릿을 발행하고, 메뉴엔 베이스가 다른 두 종류의 진 토닉을 올려 놓고 파는 사람이었다. 내가 그에게 곡의 제목을 물었다면 삼 년 차 직장인다운 내 낯빛에 오늘도 이런 놈이 나타났군, 어떤 안쓰러움에 사로잡혀 잠시 말동무가 되어 주었을지도 모른다. 하지만 한쪽 벽 전체가 비닐Vinyl판으로 채워진 카운터엔 얼치기가 감히 다가갈 수 없는 자기장이 흘렀다. 쭈뼛쭈뼛 앞까지 가 봤자 새 술만 주문하고 돌아올 게 뻔했다.

노래는 스마트폰 앱으로 알아냈다. 지금껏 약 8,000원의 값어치를 충분히 해내고도 남은 정보 상자는 이 곡이 오아시스의 〈Whatever〉라고 일러주었다.

영국 록밴드 오아시스의 대표곡들이야 고등학교 동창생의 이름처럼 희미하게 알고 있었지만, 〈Whatever〉는 그때 처음 들었다. "넌 항상 남들이 보라는 대로만 보려 하는 거 같아." 그 가사가 다 끝나기도 전에 영혼에 오아시스가 강림한 누군가가

〈Don't look back in anger〉도 신청곡에 적어냈다. 두 곡이 연달아 나오자 사람들의 다이얼이 모조리 오아시스에 맞춰졌다는 걸 감지할 수 있었다. 당시엔 회사 동기였고, 전부 그 회사를 그만두면서 친구가 된 우리는 더듬더듬 몇 소절을 따라 불렀다. 손님 100%가 시커먼 남자인, 지나간 록 음악을 틀어주는 담배 연기 뿌연 술집에서 할 수 있는 일이란 게 결국 그런 거였다. 직업과 직장이 내 인생의 전부가 아니라는 것, 본래의 나는 이런 멋진 음악을 들으며 술잔을 기울이는 인간이라는 것, 그리고 내 주변에 모인 얼굴들이 바로 그 사실을 알아줄 누군가라는 것을 확인하고 있었다. 이 시간에 회사 주변을 전전하며 술을 마시는 직장인이라면 여지없이 빠져 있을 도파민 과다 상태였다.

두 곡이 끝나자 마시던 술잔도 비었다. 언제 주문했는지 모르겠는데 아르바이트생이 새 잔을 가져다주었다. 그날, 술에 취해 집으로 가는 내내 〈Whatever〉를 들었다. 입김이 새하얗게 뜨는 겨울밤이었다.

2년 후, 삿포로에서

금방 자리를 뜨려던 삿포로의 펍에서 〈Whatever〉가 흘러나왔을 때, 하는 수 없지, 하는 마음으로 맥주를 한 잔 더 주문했다. 정신없이 바쁜 매니저나 바텐더를 비롯해 누구도 그러라고 지지해 주는 사람 하나 없었지만, 쭉 뭉개고 있어도 될 것 같았다. "그게 어디든 넌 자유로워. 네가 원하는 곳이면 그 어디서라도."

뭐, 꼭 그런 가사에 용기를 얻었다는 건 아니지만 노래 한 곡이 멀쩡한 인간을 깊은 착각에 빠지게 한다는 건 대단한 일이었다. 어쨌든 내 앞엔 새로운 한 잔의 맥주, 앞으로 석 잔이고 넉 잔이고 늘어날 맥주가 놓였다. 종로의 LP 바와 다른 점이 있다면, 혼자라는 것, 그리고 아무도 〈Whatever〉에 다이얼이 돌아가지 않는다는 것이었다.

다누키코지狸小路에 있는 TK6는 입간판에도 '인터내셔널 바'라고 광고할 만큼 꽤 다양한 인종이 모이는 곳이었다. 실내는 대화와 음악과 TV에서 흐르는 축구 중계 소리가 엉켜 몹시 소란스러웠다. 맥주 몇 잔에 취한 미국인들 목소리가 제일 컸지만, 단체로 몰려온 젊은 일본인들, 대학생 같기도 하고 직장인 같기도 한 그들 역시 뒤처지는 볼륨은 아니었다.

국제적임을 공표하는 곳이니 다른 가게와 분위기가 다르긴 했다. 우선 부담스러운 친절이 없었다. 매니저나 직원은 우리를 모셔야 할 손님이 아니라 이런 멋진 공간에서 이렇게 훌륭한 술을 제공한다는 데 감사해야 하는 '빚진 존재'로 여겼다. 하와이에선가 산 적 있다는 괄괄한 매니저는 영어도 잘했고, 그 실력으로 바에 앉은 단골 미국인에게 곧잘 핀잔을 주기도 했다. 2년 전 종로에서나 여기서나 먼저 말을 걸 됨됨이는 못 되는 나는 그저 스치는 대화에 귀 기울이며 술잔 바닥을 더듬을 뿐이었다.

노래가 끝나자 한 번 더 듣고 싶어졌다. 하지만 신청곡을 받아주는 곳이 아니었고, 같은 곡을 두 번 틀 리도 없었다. 지난 2년간, 음악이 사람을 아무리 고양한다 하더라도 사는 덴 별로 도움이 되지 않는다는 이치도 알았다. 자유로워지고 싶어서, 실은 글을 쓰고 싶어서 다니던 회사도 박차고 뛰어나왔지만, 소망은 소망인 채 지지부진이었다. 그런데도 그만둘 수가 없다는 게 더 기가 막혔다.

"뭘 그렇게 써요?"

몰아치는 주문이 일단락되고 나자 매니저가 내게 물었다. 난 펜과 노트를 바 위에 올려두고 있었다. 어디서든 자유롭게 원하는 대로 하겠다는 〈Whatever〉 가사의 잘못된 용례였다. 술집 카운터에 홀로 앉아 글을 쓰다니, 지금 떠올려도 등골이 오싹한 주접. 나는 멋쩍게 웃으며 일기라고 답했다.

"멋지네요."

술장사를 하면 역시 온갖 부류를 다 만나기 마련이라는 표정으로 매니저는 다른 손님이 사 준 맥주잔을 들어서 나와 건배했다. 노트를 계속 펴고 있을 수도, 덮을 수도 없는 애매한 상황에 놓이고 말았다.

다행스럽게 한 남자가 내 옆에 앉으며 매니저의 주의를 분산

PIMM'S
NOV 27th
¥2000

ELIJAH
CRAIG ¥700
NIKKA WHISKY
竹鶴
17
PURE MALT
ELIJAH
CRAIG
12
NIKKA
APPLE
WINE
THE NIKKA WHISKY

시켰다. 새로운 손님은 수염을 길렀지만 그것으로 앳된 얼굴을 가릴 순 없는, 자신을 스물여섯이라고 밝힌 '류'였다. 그와 어쩌다 대화를 시작했는지는 기억이 나지 않는다. 아마 매니저가 한국에서 온 여행자인데 술집에서 일기를 쓰는 인간이라고 나를 소개하면서 말을 튼 것 같다.

처음엔 류가 기혼자라는 데 놀랐다. 결혼한 지는 일 년이 조금 넘었고 부인이 연상이라고 했다. 그는 뫼비우스 담배를 피웠고, 삿포로 클래식을 사랑했으며, 한국 드라마 몇 편을 재밌게 보았는데 김태희를 좋아한다고 했다. 반면 좋아하는 일본 드라마나 연예인이 없던 나는 삿포로 맥주가 맛있다는 말로 그를 기쁘게 했다.

"서울은 어떤 곳이야? 드라마에선 멋져 보이던데."

"크고 바쁘고 혼잡해. 낮에는 다들 일을 하고, 밤에는 새벽까지 술을 마셔."

"번화가가 많아?"

처음엔 그게 무슨 말인가 싶었는데, 삿포로에선 번화가라고 할 만한 동네가 스스키노뿐이라는 데 생각이 미쳤다.

"대여섯 곳은 되지. 서울 사람들은 술을 정말 좋아해. 노래하고 춤추는 것도 좋아하고."

서울에 대한 잘못된 관념을 심어주는 건 아닌가 싶었지만, 과장된 대화가 당연할 만큼 취한 상태였다.

"넌 결혼 안 했어?"

"아직. 근데 넌, 부인이 이 늦은 밤까지 술 마시면 뭐라고 안 해?"

"장난 아니지. 지금도 계속 어디냐고 문자가 오고 있어."

어딜 가든 유부남은 똑같구나 생각했다. 종로의 LP 바에서도 손님 대부분은 중년이었다. 그들도 늦게까지 거리를 떠돌며 집에 갈 시간을 자꾸만 미루었다. 이제 변화를 기대할 순 없으며 지금껏 살던 관성으로 계속 나아가는 수밖에 없다는 사실을 잠시라도 외면하고 싶은 건가? 아직 제대로 된 삶을 시작도 못 한 나는 그들과 얼마나 닮았고 또 얼마나 달라질 수 있을까?

그때나 지금이나 일에 관한 말들, 피곤한 날들에 관한 말들, 각자의 진리에 관한 소란스러운 말들이 실내를 부유했다. 어떤 맥주가 제일 맛있느냐는 토론이 벌어졌을 땐, 류 옆에 앉아 있던 뉴질랜드 남자가 일본 맥주는 전부 별로라고 선수를 치는 바람에 류의 마음을 상하게 했다. 그의 일본어가 유창해서 더 그랬다. 카운터에 500엔을 올려놓으면 어느새 사라지고 그 자리에 새 맥주잔이 나타나는 게 자판기 앞에 앉아 있는 기분이었다. 나는 새벽 한 시가 넘어 펍을 나섰다. 그때까지 류는 집으로 돌아가지 않았다. 내가 묵는 호텔은 펍 바로 건너편이었다. 30초도 안 되는 짧은 거리가 마음에 들지 않아 주변을 한 바퀴 돌았다. 주머니에 손을 찔러 넣자 이어폰이 만져졌다.

〈Whatever〉는 여지없이 나에게 극적인 기분을 선사했지만, 오랜 시간 동안 아무것도 나아지지 않았다.

다음 날 아침 계산서를 보니 무려 4,400엔이 찍혀 있었다. 숙취만큼 마음도 아팠다.

다시 4년 후, 다누키코지에서

아내는 다누키코지를 그다지 좋아하지 않았다. 허여멀건 조명 아래 돈키호테ドン·キホーテ 같은 대형 양판점마다 단체 관광객이 몰려 있어 혼잡했기 때문이다. 겨울엔 천장이 찬바람도 막아주고 제법 운치도 있었지만, 아내에겐 지나치게 크고 상점들은 기운이 빠져 있는 아케이드였다.

내가 11월의 삿포로 어디에서 지냈는지는 보여주고 싶었다. 다누키코지 안쪽에 있는 호텔을 찾아내자 자연스레 류를 만났던 펍이 보였다. 여전히 건재하여 마음이 놓였다(그러나 이 술집은 몇 개월 후 문을 닫았다). 대화할 단골이 많던 매니저도, 새신랑이었던 류도 아직 그 자리에 있을지 궁금했다. 그렇지만 4년이라면 꽤나 많은 게 바뀌었을 시간이다.

나부터가 그랬다. 결혼을 했고, 아이가 태어났다. 술자리를 거의 갖지 않다 보니 거리에서 방황하는 시간도 줄어들었다. 그건 가족과 함께 시간을 보내려는 본능임과 동시에 잡을 수 없는 나비처럼 저면하던 환상에 매진하는 일이기도 했다. 새벽까지 글을 쓴다는 것이 같은 시각까지 술을 마시는 것과 별로 다를 게 없다는 생각이 들 때도 있지만.

내가 사랑하는 작가들은 저마다 뚜렷한 계기나 목표가 있었다. 프루스트는 시간을 허비하지 않고 가치 있는 삶을 살기 위해 『잃어버린 시간을 찾아서』라는 긴 소설을 썼고, 오르한 파묵은 터키에서 예술을 하고자 작가가 되었다. 헤밍웨이는 '진실한 문장'을 쓰려고 평생을 모험과 글쓰기에 바쳤으며, 그의 친구였던 피츠제럴드는 글로 돈을 벌기 위해, 그리고 그 돈으로 자신이 꼭 써야 할 작품을 쓰기 위해 방탕한 생활을 멀리하려고 무진 애를 썼다. 무진, 하니까 떠오르는 김승옥은 1960년대, 언뜻 결이 비슷한 김애란은 21세기의 무력하고 불운하며 모순된 인간상을 제시하기 위해 단편을 썼다.

그러나 나는 어떤 작품을 어떻게든 써내야 한다는 고민은커녕 어떻게 살아야 하느냐는 답 안 나오는 문제에 매달리고 있을 뿐이다. 회사에 다닐 때도, 그만두고 나서도, 다시 직장을 구하고 혼자 새벽까지 깨어 있을 때도 8자 레일을 달리는 아들의 장난감 기차처럼 지향점 없이 쳇바퀴를 돈다. 가끔 여행의 일탈이 답을 제시해 주진 않을까 소망하면서.

그래서 류가 피우던 담배 이름이 뫼비우스였던 걸까?

立喰
お寿し

새로운 세기의 보행자 천국

다누키코지를 벗어나 지하 보도로 내려갔다. 경사 급한 계단 밑으로 끙끙대며 유모차를 옮기고 나선 아무 일 없던 것처럼 매끄럽게 바퀴를 굴렸다.

혼자 무뚝뚝한 건물 사이를 헤매다 더는 황량한 밤을 견디지 못하겠다 싶었을 때, 지하로 내려가는 입구는 언제나 멀지 않은 곳에서 나를 기다렸다. 쇼핑몰 지층과 지하상가들, 지하철역 개찰구와 환경 개선 중인 텅 빈 통로. 지하 보도는 끊임없이 옷을 바꿔 입었다. 테라스처럼 꾸며놓은 작은 광장도 있었다. 이 기나긴 지하도는 여러 색의 레이어로 쌓은 케이크 같았다. 왜 하필 케이크냐면, 실은 이 길로 다녔던 게 혼자 왔던 11월의 삿포로에서 가장 밝은 기억이기 때문이다. 뭐 하나 사는 것 없어도 칸칸이 나뉜 그들의 공간이, 그들의 간판과 그들의 타이틀이, 포장된 상품과 유리에 붙은 포스터와 심혈을 기울여 배치한 진열대가 심심할 틈 없게 해 주었다. 덥거나 추운 환경에서 보호받듯 잡생각으로부터도 나를 멀리 떨어트려 주었다.

"아케이드보단 여기가 낫다. 유모차 끌기도 쉽고."

계단도 거의 없고 울퉁불퉁한 보도블록을 넘을 일도 없고 자동차를 피하거나 신호를 기다릴 일도 없어 이곳이야말로 보행자의 천국이었다. 지하 보도와 한 몸처럼 연결된 파세오パセオ, 에스타エスタ, 스텔라 플레이스ステラプレイス 같은 쇼핑몰의 지하층을 슬

슬 돌아다녔다. 간판 달린 유리문도 있고 건물과 구역이 달라질 때마다 벽과 바닥 색이 바뀌기도 했지만, 막상 구경에 정신이 팔리면 어디가 어딘지 구분이 되지 않았다.

그러다 아피아アピア 상가에서 마음에 쏙 드는 이름 하나를 발견했다. '내추럴 키친 앤드Natural Kitchen &'라는 주방용품 및 잡화 판매점인데, 100엔 숍 유의 하나였다. 한 계절 앞선 여름풍 인테리어에 집에 있는데도 없는 셈 치고 하나 사갈까 싶은 주방용품이 빽빽하게 진열되어 있었다.

아내는 쇼핑 바구니를 들었고, 나는 좁은 복도 사이로 요리조리 유모차를 밀어 넣었다. 자동차와 기차, 트럭, 거기에 타고 있는 쪼그만 요정들을 아이 앞에 흔들어 보이자 아이는 이미 그걸 자기 것으로 여기고 손을 뻗었다. 나무 자동차 여섯 대 세트에 600엔. 실속이 있었다. 삿포로에 오고 나서 아이의 장난감이 확확 늘어나고 있다.

"이 법랑 주전자 어때?"

아내는 주방용품 몇 개가 든 바구니를 팔에 끼고 법랑 주전자를 손에 들고 왔다. 그것은 절대로 주전자로 사용할 수 없을 만큼 아름다운 모습이었다. 그리하여 우리 주방 한쪽에 전시되었고, 아내는 그 노란 주전자가 없었다면 주방 전체가 시무룩해졌을 거라 평한다.

영수증에 찍힌 금액은 4,500엔이었다. 다누키코지의 펍에서

혼자 마신 술값과 큰 차이가 나지 않았는데 며칠이 지나도 마음 아플 일은 없었다. 오히려 주방용품을 고르는 일이 새로 찾은 취미처럼 즐겁기까지 했다.

장보기를 좋아하는 게 나의 장점 중 하나라고 아내는 말한다. 아이가 빵을 좋아하는 꼬마로 크면서부터 건강한 케이크를 만들고 케이크값도 아끼자는 마음에 베이킹도 시작했다. 흰 가루로 주방을 어지럽히다 보면, 레시피에 적힌 그대로 재료를 계량하다 보면, 공식이랄 게 전혀 없는 글쓰기를 하며 발갛게 튼 살갗이 진정되는 기분이다. 좋은 핸드크림을 겨울철 손등에 바르듯, 생크림을 치고 반죽을 치댄다. 설탕만큼은 권장량의 반 이하로 줄인다 해도 이편이 취기와 치기로 버티던 시절보다 달콤하다. 입안도, 눈 뜨자마자 어젯밤 구운 케이크를 찾는 아내와 아들을 보는 마음도.

남자의 스위츠, 모두의 파르페

그런데 사실 난 케이크를 즐겨 먹진 않는다. 디저트를 싫어하는 건 아니지만 한두 스푼이면 족하다. 입이 달아져 커피 맛이 떨어지는 것도 싫고, 식사보다 케이크값이 비싼 것도 이해가 되지 않는다. 남자가 웬 케이크, 하는 편견도 있었다.

노보리베쓰를 떠나 무로란으로 가던 아침, 밀키하우스ミルキィー

ハウス란 곳에 들렀다. 그 지역에서 생산한 치즈, 우유, 아이스크림 따위의 유제품을 파는 곳이었다. 들어서자마자 우리를 맞은 건 할아버지였다. 할아버지가 주방에서 아버지를 불러내자, 그 아버지를 도우러 아들이 나왔다. 손님도 우리와 잠깐 들른 부부를 제외하고는 전부 남자였다. 중년 남자와 청년 아들이 나란히 들어와 아이스크림을 사고, 밀키 하우스의 '아버지'와 청초한 볕이 드는 야외 자리에 앉아 수다를 떨었다. 아침부터 동네 남자들이 모여 아이스크림이나 병 우유를 사 마시는 모습이 멋져 보일 거라곤 상상도 못 했다.

홋카이도는 물론 일본 다른 지역을 여행할 때도 카페에서 자기 몫의 케이크를 챙겨 먹는 남자들을 종종 마주쳤다. 일본 남자들이 한국 남자들보단 디저트를 가까이한다는 말은 사실인 듯했다. "커피는 무슨, 술이나 마셔."를 인사말로 알고 살아왔기에 사회생활 잘하는 남자가 되기 위해 새벽까지 술자리를 옮겨 다녔다. 2차 정도에서 진한 커피 한 잔으로 모임을 끝냈다면, 한 달 교통비의 반을 택시비로 지불하는 불상사는 일어나지 않았을 텐데.

오늘 산 물건을 캐리어에 정리한 후, 무언가를 검색하던 아내가 스마트폰 화면을 내밀었다. 무려 네 단어로 된 가게 이름이 거기에 적혀 있었다.

"파르페, 커피, 술……, 사토?"

지도를 보니 다시 다누키코지 쪽이었다. 실은 파르페라는 말에 동했다는 본심을 모른 척, 또 한 잔의 맥주를 해치워야겠다며 아이의 옷을 여며주었다. 모든 매장이 문 닫은 다누키코지엔 하얀 조명 대신 주황색 야간등이 켜져 있었다. 이 시각 아케이드의 지배자는 10대, 많아야 20대 초반으로 보이는 젊은 친구들이었다. 그들은 교차로 하나를 전세 내고 보드를 타고 있었다. 나무판이 튕기는 소리, 바퀴가 투둘투둘 바닥을 구르는 소리가 경쾌하게 메아리쳤다.

뒷골목으로 들어가자 불의의 상황에 맞닥트렸다. 가게 앞에 줄이 늘어 서 있었다. 못해도 예닐곱 팀. 남녀 비율엔 차이가 없었다. 우리 뒤에는 아저씨 둘이 섰다. 자정이 가까웠다는 걸 아는지 모르는지, 이렇게 늦은 시각에 아이까지 끌고 온 우리가 가장 시간관념이 없는 사람들 같기도 했다.

아내가 줄을 지키는 동안 아직 기운이 넘치는 아들을 데리고 주변을 한 바퀴 돌았다. 화재 신고를 받고 출동한 소방관들이 이미 잔불이 진화된 어떤 노포 앞에 모여 있었고, 아이는 눈앞에 나타난 소방차의 붉은 빛을 홀린 듯 바라보았다. 불난 곳에서 그리 멀지 않은 자신의 바를 정리하며 한 남자가 담배를 태웠다. 대로변에 있는 오피스텔 로비의 유리문 너머로 우편함을 확인하는 여자의 뒷모습이 보이고, 편의점 안엔 취객들이 주전부리나 음료 코너 앞에 장사진을 쳤다. 휘청거리는 장발의 남자들, 기모노 같은 옷을 입고 걷는 여자들, 상기된 표정으로 식당 메뉴판을 올려다보는 뭔가에 굶주린 밤 산책자들. 다누키코지에서 보드를 타던 청춘들도 얼마 지나지 않아 이 대열에 합류하게 될까? 가게 앞에 돌아오자 한두 팀 정도 줄이 줄어 있었다.

'파르페, 커피, 리큐어, 사토パフェ、珈琲、酒、佐藤'. 사토는 음식이 아니라 가게 주인의 이름인지도. 이곳은 카페도 아니고 술집도 아닌 중립 지대, 결국엔 제삼세계 같은 파르페 전문점이었다. 손님들은 다들 어디서 맥주 몇 잔 기울이다 흘러온 표정이었다. 나중에야 일본에선 술을 마신 후 파르페와 함께 자리를 마무리하는 것이 유행이랄까, 이미 대중화됐달까, 여하튼 하나의 문화라는 사실을 알게 되었다. 나도 새벽까지 술을 마시다 24시간 영업하는 카페에서 커피를 마시며 첫차를 기다린 적 있지만, 이토록 포슬포슬하지는 않았다.

메뉴의 폭넓은 스펙트럼이 공간에도 투영되어 가게 안은 고급스러운 이자카야 같기도 하고 차분한 카페 같기도 했다. 심야의 탄수화물에 죄책감을 느끼지 않는 사람들은 각자 파르페 한 잔에 환한 얼굴로 앉아 있었다. 시계를 보면 알코올 말고 예외는 없을 시각인데도.

"파르페 하나, 초콜릿 선디Sundae 하나."

"정말?"

맥주를 시키지 않는다는 말에 아내가 반색했다. 우리 앞에 압도적인 크기를 자랑하는 계절 과일 파르페와 바나나를 얹은 초콜릿 선디가 놓였다. 그러고 보면 파르페나 초콜릿 선디나 어릴 땐 자주 볼 수 있던 디저트였다. 친지들이 모여 맥줏집 같은 델 가면 그곳엔 항상 파르페가 있어 아이들 메뉴는 그걸로 낙점이

었다.

긴 유리잔에 아이스크림을 담고 시럽과 토핑을 올린다는 점에서 파르페와 차이가 없던 선디도 그랬다. 을지로 소공동 지하상가 바로 위, 지금은 스타벅스가 들어선 호텔 아케이드 1층에는 한국에선 철수한 프랜차이즈 웬디스Wendy's가 있었다. 그게 당시 미국에서도 팔던 메뉴였는지는 모르겠지만, 나는 햄버거보다도 초콜릿이나 딸기 시럽을 올린 선디를 더 좋아했다. (메뉴판엔 '선데'라고 올라와 있었다.) 아버지가 다니던 회사가 아케이드 지하에 있어 종종 놀러 가서는 아이스크림을 사 달라 졸랐다. 그걸 먹고 걸은 소공동 지하상가의 통로는 유난히 환하게 빛났고, 크리스마스 시즌이면 땅 밑에도 별이 뜬다고 믿게 되었다. 덕분에 길을 잃어 미아가 될 뻔했던 날도 있었지만, 이곳에 얽힌 모든 유년의 기억은 내내 쿠션처럼 나를 지탱해 주었다. 또한 세상 모든 지하상가를 애틋하게 여기도록 만들어 주었다.

아이가 과일을 해치우는 동안 나와 아내는 길쭉한 스푼으로 아이스크림을 찔러 먹었다. 이 부드러움, 이 신선함, 이 서늘함, 이 달콤함. 정신의 체증을 단 음식으로 소화한다는 사람들의 말을 이제야 이해했다. 우리가 이 도시에 살았다면 한 주 한 번은 먹으러 가자고 내가 먼저 졸랐을, "원한다면 난 블루스를 부를 수도 있어"라고 말하는 〈Whatever〉의 가사처럼 "원한다면 남자 혼자 파르페를 먹을 수도 있어"라고 노래해도 이상하지 않을,

많은 의문의 답, 모든 출구가 여기에 들어 있었다.

속 깊은 시럽과 눈 동그랗게 뜬 과일과 아내와도 인연이 있을 플로렌틴Florentine*을 곁들여 차가운 천국의 아이스크림을 먹어, 그리고 훨씬 더 나은 기분이 되어 다시 생각해 보는 거야, 내가 무엇을 해야 하는지. 누군가 그렇게 말해주는 것 같았다.

문득 파르페가 나오는 긴 글을 쓰고 싶어졌다. 그러면 한 시기를 마치고 다음 시기의 막을 올릴 수 있을 것 같았다.

다음 날 다시 갔을 땐 버찌 올린 초콜릿 파르페를 먹었다. 서울로 돌아와 비슷한 파르페를 파는 카페가 있나 찾아보았으나 아무래도 직접 만들어 먹는 수밖에 없겠다고 생각했다.

---

* 버터, 설탕, 크림 등을 녹인 것에 견과류 가루를 넣고, 얇고 둥그렇게 구워 초콜릿 시럽을 바른 디저트. 이름 때문에 이탈리아 피렌체Florence가 기원이라고 알려져 있으나 실은 프랑스산 디저트이고 이름만 '피렌체'를 땄다는 설도 있다.

新、パフェ
第八弾

12.
아이와 함께 여행한다는 것

맨션엔 전 층을 관통하는 중정이 있었다. ㅁ자 형태로 복도에 둘러싸인 이 깊은 구멍은 천장에서 들어오는 빛으로 바닥까지 환했다. 그래서 고층 빌딩의 중정을 '빛 우물'이라 부르는 모양이었다. 아래를 내려다보면 이 까마득한 공간에 다른 의도가 숨어 있지 않을까 싶었다. 창살 달린 창문처럼 보이는 복도 난간으로 가끔 주인 모를 손이 나타났다가 사라졌다. 칸칸이 나뉜 삶에서 일어날 수 있는 가장 큰 우연이었다.

아내는 낭떠러지 같은 중정을 무서워했다. 현관을 나서 엘리베이터로 가는 짧은 거리 동안 아이의 손을 꼭 잡고 난간에는 가까이 가지도 못하게 막았다. 우리가 빌린 집은 호텔 방과는 비교할 수 없을 만치 넓었고, 호스트가 넉넉히 준비해 둔 이불 덕분에 굴러도 굴러도 끝에 닿지 않는 잠자리가 여유로웠다. 휑한 공동 주택은 얼마간 나의 취향과도 들어맞았다. 하지만 아이를 키우기 좋은 환경은 아니었다. 층간, 벽간 간격이 좁아 방음이 잘 안 되는 구조라는 것도, 엘리베이터에 한국어를 포함해 4개 국어로 '정숙'하기를 요구하는 경고문이 붙어 있는 것도, 사람 마음을 채 가 자꾸만 들여다보게 하는 빛 우물의 위험한 매혹도 전부. 우리가 자주 밤 산책을 나섰던 것도 실은 한창 소리 지르고 뛰기 좋아하는 아이가 소란을 피울까 두려워서였다.

아이는 태생이 여행 체질인지 낯선 잠자리를 낯설어하지 않았다. 어디를 가든 공항에서 숙소로 가는 길까진 시무룩하다가 호텔 방, 게스트하우스 트윈룸, 에어비앤비에 등록된 누군가의 현관에 들어서는 순간 활기를 찾았다. 무얼 안다고 저렇게 새로운 환경을 반기는 건가, 이미 비행과 짐 무게에 나가떨어진 나와 아내는 항상 궁금했다. 아이란 얼마나 불가해한 생명체인지 내가 저 시절을 지나 평범한 성인으로 자랐다는 사실이 기적으로 여겨진다.

어쨌든 아이는 삿포로에 온 이후 좋아하는 유제품을 훨씬 입맛에 맞는 버전으로 먹으며 저만의 여행을 즐기는 중이었다. 그러다가 종종 자기만을 위한 시간을 요구할 때가 있었다. 치앙마이를 일주일 정도 여행할 때는 쇼핑몰에 있던 키즈 카페 비슷한 곳에 두 번 데려갔다. 그런데 삿포로에 와선 놀이터는커녕 방에서 뛰지도 못하게 말리니 아이도 할 말이 많은 것 같았다.

"밥을 잘 안 먹어서 큰일이네."

"너, 이제부터 군것질 없어!"

나의 경고에도 아이는 "알아듣지 않겠습니다."라는 천진한 표정으로 요구르트를 먹을까 우유를 먹을까 미니 냉장고 문을 수도 없이 여닫았다. 자기 손에 의해 공간이 열렸다 닫혔다 하는 운동 자체가 재미있는 건지도 몰랐다. 애꿎은 경첩이 고장 나기 전에 서둘러 외출할 수밖에 없었다.

우리가 묵은 맨션은 니조 시장二条市場 바로 옆이었다. 니조 시장은 역사가 100년이 넘은 수산물 시장으로 관광객은 물론 현지인도 많이 찾는 곳이다. (그 시간에 일어날 수 있는 건 아니지만) 아침 7시에 문을 여는 데다가 시장 안에 식당도 있기 때문에 숙소를 예약하면서 우리 식단에 긍정적인 영향을 미치리라 예상했다. 하지만 조금만 생각해 봐도 알 수 있었을 이치는, 아이에게 날것을 먹일 수 없다는 것. 결국, 시장을 두어 번 통과해 본 게 전부였고, 갈 때마다 사람이 없어 시장의 흥을 느낄 수도 없었다.

니조 시장보다 더 가까운 곳에, 우리가 묵는 맨션 바로 1층에 백반집 같은 곳이 있었다. 하코다테에서 올라와 숙소를 바꾼 날부터 존재를 알고 있었지만, 정작 가게 앞에 세워진 배너를 읽은 건 한참 후였다.

"연어 알 덮밥, 이런저런 정식, 그리고 생선구이."

홋카이도는 해산물이 싱싱하다고 소문난 덕에 회를 먹어야 남는 장사라 여겼지 구워 먹겠다는 생각은 못 했다. 생선구이는 아이가 그나마 잘 먹는 음식 중 하나였는데 말이다. 미닫이문을 열고 들어서자 동네 주민 네 명이 커다란 생선과 씨름하고 있었다. 계산대에 덧댄 합판에 남겨진 화려한 방문 기념 사인들, 낡았지만 깨끗하게 닦인 일자형 나무 테이블, 주인 할아버지가 왕년에 다루었을 법한 전자기타(알고 보니 파는 물건이었다)를 보자마자 왜인지 솜씨 좋은 집이겠다는 확신이 들었다. 우리는 물고기 먹자는 말로 (밖에 나간다는 생각에 들떴던) 아이를 구슬리고 나란히 자리에 앉았다.

사카나야 간넨魚やがんねん의 기본 메뉴는 크게 둘로 나뉘었다. 생선구이 정식과 다양한 회를 올린 덮밥. 이미 다른 이들의 커다란 생선을 봐버린 나는 그만큼 큰 물고기를 먹고 싶었다.

“너도 물고기 좋아?”

“무꼬기!”

大자가 들어가 이거다 싶은 메뉴가 있는데 무슨 생선인지 궁금했다. 천 배너에 고양이와 옥신각신하는 캐릭터로도 그려진 주인아저씨가 벽에 걸려 있던 말린 생선을 가져다 보여주었지만, 반으로 갈린 물고기를 보고 그게 뭔지는 알 수 없었다. 그래도 크기 하나는 마음에 들었다. 삼치인가 했는데 나중에 찾아보니 전갱이였다. 일본사람들은 전갱이를 즐겨 먹는다는데, 그래서인지 맛있다는 뜻의 味자와 발음(あじ, 아지)도 똑같다. 나로선 처음 먹어보는 전갱이였고, 전갱이가 이렇게 큰 생선인 것도 처음 알았다. 아내는 연어 회와 가리비, 연어 알이 올라간 삼색

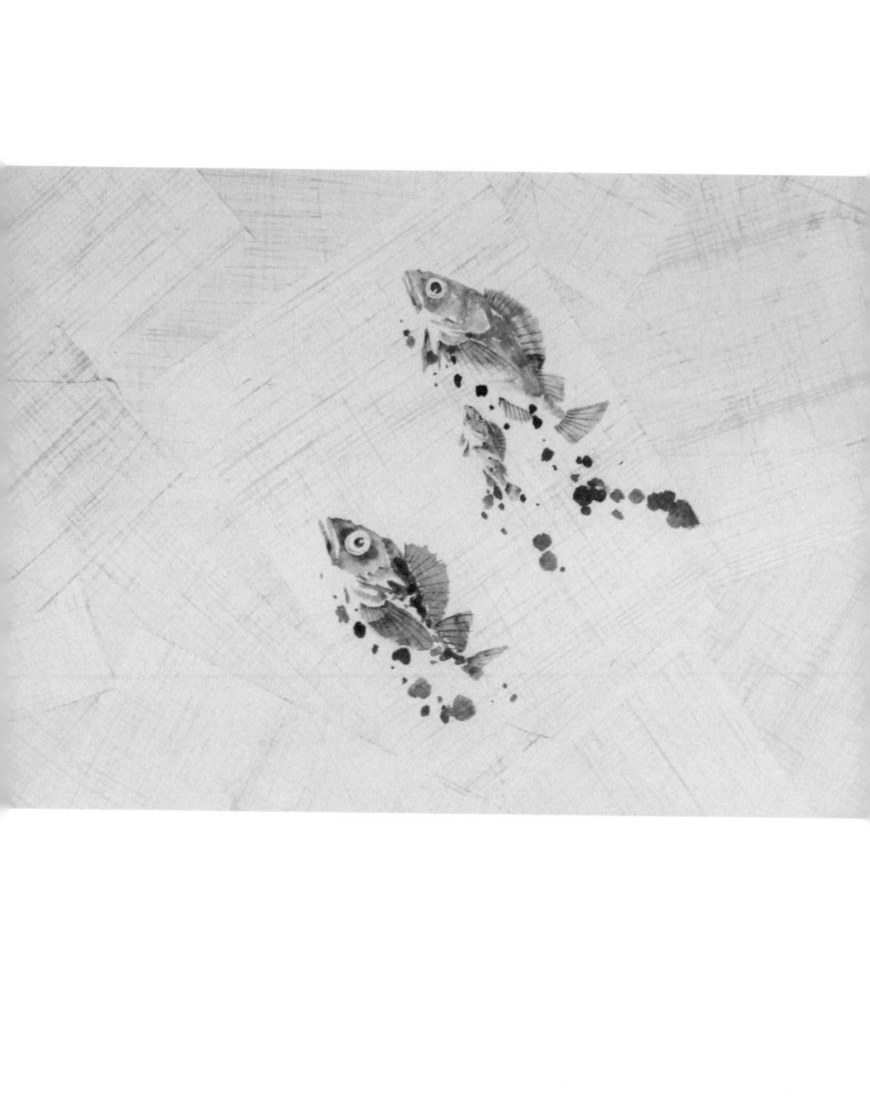

덮밥을 시켰다.

된장국에 만 밥과 생선 살을 잘도 받아먹는 아이를 가만히 지켜보았다. 둘에서 셋이 된 후 식당을 판단하는 기준이 하나 더 생겼다. 아이가 그곳 음식을 잘 먹는지, 거들떠보지도 않는지. 우리의 만족과는 별개로 아이가 좋아하는 곳은 자연스레 우리도 좋아하게 됐다. 내가 뽀로로보다 '똑똑 박사 에디'를 더 좋아하는 것도, 핑크퐁의 율동 담당 '튼튼쌤'을 멋있다고 생각하는 것도, 실물처럼 빚은 동물 모형 진열장에서 기린과 말을 가장 먼저 찾아보게 되는 것도 모두 아이의 취향이 옮아서다.

아이는 작아도 한 사람분의 몫을 고스란히 해낸다. 받는 면에서도 그렇고, 주는 면에서도 그렇다. 훗날 받는 것보다 주는 게 많아질 날까지 자랐을 때, 아이는 어떤 얼굴을 하고 있을까? 여전히 물고기를 좋아할까? 맥주보다 우유를 즐겨 마시는 사람일 수 있을까? 어떤 꿈을 꾸고, 어떤 청춘을 보내고, 어떤 실수를 저지를까? 어떤 책이나 영화에 잠 못 이루고 어떤 사람과 사랑에 빠질까? 나는 그 자디잔 것들을 상상함으로써 그 자디잔 것들이 모여 만들 한 인간을 그려 본다. 그 수많은 가능성의 가능성을 넓혀주는 게 부모로서 내가 할 일이라는 막연한 예감이 든다.

이제 어디로 갈까. 나무가 많고 며칠간 좀이 쑤셨을 몸도 풀 수 있는 곳은 어떨까. 코앞에 오도리 공원이 있었지만, (말벌과 자동차의 위협 없이) 더 안전하고 넓은 곳이면 좋겠다.

나무 너머로 공 던지기

자전거라면 모를까 유모차는 지나갈 수 없을 만큼 간격이 좁은 차단봉 너머로 녹음이 펼쳐졌다. 이 샛문에서부터 도시가 잘려나갔다. 아이가 발 디딘 곳은 넘어져도 울진 않을 잔디밭이었다. 제 수명을 고스란히 사는 느릅나무들이 우리를 굽어보고, 맑은 개천이 언덕 밑을 따라 흘렀다. 냇물을 떠 마시면 바로 이렇겠다 싶은 차갑고 투명한 바람이 사람과 새와 무성한 나뭇잎을 좇아다녔다. 애완견과 산책하는 사람의 뒷모습은 한참이 지나도 사라지지 않았고, 초등학생으로 보이는 아이 셋이 양달을 찾아다니며 공놀이를 했다. 학생인지 마음 뉠 곳이 필요한 직장인인지 모를 여자가 외떨어진 벤치에 앉아 도시락을 먹는 동안, 어느 두 연인은 일부러 징검다리를 건너며 두 손을 맞잡았다. 아이는 먼저 개울가로 뛰어가 엉덩이를 쑥 내밀고 쭈그려 앉았다. 옛날 앨범에서 본 내 어릴 적 뒷모습과 닮아 보였다.

도시에서 아이가 마음껏 뛰어놀 수 있는 곳을 찾기란 쉬운 일이 아니다. 기껏해야 키즈 카페, 차선책으로는 미세먼지가 깜깜하게 내려앉은 동네 놀이터, 아니면 평일 저녁 사람 없는 쇼핑몰. 그 작고 열심인 뜀박질을 따라가다 보면 아이가 누군가에게 피해를 주지 않고, 동시에 어떤 위협 요소로부터도 안전한 상황이 얼마나 드문지 실감하게 된다. 그나마 교외로 나가거나 도심 속 예외, 예컨대 경복궁 같은 곳에 아이를 풀어놓을 기회를 자주 만들려고 하지만 그것도 날씨의 도움이 필요하다. 1년의 절반이 넘는 기간을 아이는 마음껏 뛰지도 못하는 실내에서 보내야 한다.

홋카이도 대학을 찾은 건, 그러니까 아이 때문이었다. 아이가 제멋대로 한참 달려나가도 시야에서 사라질 일 없고 자동차나 오토바이의 갑작스러운 등장에 촉각 곤두세울 필요가 없으니 도리어 부모를 위한 선택이었는지도 모른다. 어른이 공원을 찾는 데에서 삭막한 콘크리트와 그 속의 타인으로부터 마음을 분리하려는 체념이 읽힌다면, 공원을 찾은 아이의 등에선 모든 것이 궁금하다는 선붉은 생명력이 읽힌다. 아이가 노란 꽃을 보더니 허리를 굽힌다. "이게 뭐야?" "풀이야." 한 발자국 떼고 똑같은 꽃을 찾아 묻는다. "이게 뭐야?" "꽃이야." 다음 발자국에도 같은 꽃이 피었다. 짧으면 발등, 길면 정강이까지 오는 풀밭 사이엔 시골 밤하늘 별처럼 노란 꽃 천지였다.

"이게 뭐야?" "글쎄, 미나리아재비?" "아니야, 이건 꼬치야."

아이의 호기심을 상대하려면 나의 말도, 얕은 지식도 길고 깊어질 수밖에 없다. 미나리아재비가 어떻게 생겼더라, 왜 난 그런 것도 모르지? 처음엔 귀찮지만 맞든 틀리든 품을 들이다 보

면 그 작은 수고가 나를 어른으로 만든다. 더 상냥하게 알려주면 좋겠다고, 아이에게 꽃과 나무 이름을 척척 알려 줄 수 있는 아빠가 되고 싶다고, 마음이 먼저 앞서 나간다. 아이는 그 기분을 어떻게 그렇게 잘 아는지 이번엔 전혀 다른 곳으로 관심을 돌린다. 꽃 이름을 함께 배워볼까 하면 갑자기 물장구를 치려 하고, 그렇다면 물에 손을 담가보자 팔을 걷으면 물 위에 동동 뜬 청둥오리를 소리쳐 부른다. 나에게 세상 모든 것에 끊임없이 호기심을 가지라고 말하는 것 같다.

산책 나온 개를 쫓아 달리려는 아이를 말리는 덴 역시 우유가 제일이었다. 호쿠다이 마르쉐北大マルシエ는 학내 카페였다. 대학에서 만든 유기농 우유를 맛볼 수 있었는데, 대학생들이 이걸 매일 사 마실 수 있을까 싶은 가격이었다. 실제로도 카페 안엔 학생보다 일반인들이 더 많았다. 이미 자연에 마음을 홀딱 빼앗긴 아이는 실내에 오래 앉아 있을 기세가 아니었다. 우리는 컵을 들고 카페 앞 벤치에 자리를 잡았다. 어디선가 자꾸 길쭉한 울음소리가 들려온다 싶더니 커다란 까마귀가 옆 테이블에 내려앉았다. 하코다테 아이스크림 가게의 참극을 기억하는 우리는 혼비백산하여 물러났다. 몇십 걸음 떨어진 개천에서 까마귀보다 훨씬 순한 청둥오리 가족과 재회할 수 있었다.

"저건 뭐야?" "오리야, 꽥꽥." "아니야, 째야." "청둥오리야."

CAFE&LABO
HOKUDAI
MARCHE

"꽥꽥이야."

부자의 바보 같은 대화를 듣는 둥 마는 둥, 청둥오리들은 고운 빛깔의 깃털을 수면 위로 미끄러트렸다. 그 자태가 꼭 가을을 닮은 것 같았다. 이 캠퍼스는 단풍 진 계절에 특히 아름답다고 들었다. 눈도 꽃도 필요 없이, 바로 그 장면이 내가 북국의 섬에서 맞이할 수 있는 가장 아름다운 하루겠다 싶었다.

아이는 자신이 오래전부터 이 드넓은 대지를 밟길 기다렸다는 듯 즐거워했다. 뛰다가 우리를 돌아보고, 도로 달려와 손을 끌어당기다가 여의치 않다 싶으면 저만치 달음박질쳤다. 나와 아내의 걸음도 평소보다 느려졌다. 그쪽으론 가지 말라고 소리를 쳐도 목소리에 짜증이나 노기가 묻어나지 않았다.

아이가 제 품으론 여섯 아름은 될 법한 나무를 안고 하늘을 올려다볼 땐 그 턱도 없는 포옹에 웃음이 나오기도 했다. 무성한 이파리에 가려 말간 하늘 대신 조각난 빛의 잔해, 르누아르의 그림 같은, 잎맥에 쌓여 푸르스름해진 햇살만 보였을 테지만 아이의 눈 안엔 이미 거대한 것이 들어와 있었다. 집에서 가장 큰 아빠보다도 더한 크기와, 그가 끝에서 끝까지 달려 본 놀이터를 수백 장 펼쳐 놓아도 남을 넓이를 몸으로 느끼며 아이는 세상이 영원히 확장되고 있다고 여겼을지 모른다. 모든 부모가 경험했을, 아이가 자신보다 더 먼 곳에 닿으리라는 알 수 없는 확신을 나 또한 기쁘게 받아들인다. 언젠가 기억도 나지 않는 어떤 책에서 다음과 비슷한 이야기를 읽은 적이 있다.

"인류의 역사는 전 세대가 함께하는 공 던지기다. 여기에서의 규칙은 이전 세대가 공을 떨어트린 장소에서 내가 공을 던진다는 것이다. 그리고 나의 다음 세대 역시 내 공이 떨어진 자리에서 새로이 공 던지기를 시작한다. 이 거리는 혼자서는 절대 달성할 수 없는 기록이다."

아이도 나무를 부여잡고 깔깔거렸다. 나는 이번 여행의 클라이맥스가 바로 지금임을 알았다.

하지만 모든 것이 아름답기만 할 수는 없었다.

대학 정문에서 그리 멀지 않은 후루카와 기념 강당古河記念講堂을 지날 즈음, 마침 초대 교장이었던 윌리엄 S. 클라크William Smith Clark의 흉상을 지났다. 아이는 흉상 주변을 빙빙 돌며 숨바꼭질을 했다. "소년이여, 야망을 가져라." 그 유명한 선언의 주인이라니!

야망을 가지라는 격언은 지금도 홋카이도 대학의 표어이고, 거기에선 어떤 악의도 읽히지 않는다. 그러나 클라크의 제자 중에는 맹목적이며 악랄한 야망에 부역하기 위해 스승의 유산을 적극 활용한 이들이 많았다. 누구도 공을 던져야 할 올바른 방향을 알려주지 않았던 것이다.

야망의 역사

야망의 공은 홋카이도를 벗어나 멀리, 우리 가까이 날아왔다. 1995년 8월, 홋카이도 대학 후루카와 기념 강당의 연구실에서 여섯 구의 두개골이 발견되었다. 종이 상자 안에 방치되었던 두개골은 모형이 아니라 진짜 유골이었다. 두 구는 누구의 것인지 명확히 밝혀지지 않았고, 나머지 네 구는 일본인의 유해가 아니었다. 그중 한 두개골에 붙은 메모는 거의 100년 전에 쓰인 것으로 제법 구체적인 내용을 담고 있었다.

> "메이지 27년(1894년), 한국 동학당, 봉기. (…) 이것이 평정될 때 (…) 수괴자를 효수했고, 이는 그중 하나다."

동학농민군의 지도자, 그러니까 조선인의 유골이었다. 고인이 일본군에 효시 되고 12년 후인 1906년, 전라남도 진도에서 이 두개골을 가져온 일본인은 그 행위를 두고 "채집"이라고 썼다. 같은 한자를 쓰지만 한국어와 일본어의 뉘앙스가 다를 수 있다는 점을 감안하더라도 절대 사람에게 쓸 표현은 아니었다.

1893년의 조선에선 한 해에만 60건 이상의 농민항쟁이 일어났다. 그리고 1894년 4월, 전봉준이 고창 무장에서 봉기하며 동학농민전쟁이 일어난다. 조정에서 청국에 진압군을 요청하자 일본은 톈진조약*을 빌미로 조선에 군대를 파견했다. 경복궁을 무력 점거한 일본은 잇따라 청국 해선을 침몰시키며 기어코 청일 전쟁을 일으킨다. 이 전쟁의 승리로 일본은 본격적으로 조선에 영향력을 행사하며 대륙 진출의 첫걸음을 내디딘다.

한편 전봉준의 동학농민군은 일본의 야욕을 보다 못해 1894년 10월, 항일 운동 격인 2차 동학농민봉기를 일으킨다. 하지만 일본군과 조선 정부군은 이들을 무자비하게 탄압했다. 일본 육·해군을 통솔하던 대본영은 농민군을 "모조리 살육"하라는 명령을 내렸고, 이는 철저히, 잔인하게 수행된다. 동학농민군을 비롯해 조선 사람들이 얼마나 희생당했는지 아직도 제대로 파악할 수 없지만, 대략 사상자가 30만에서 50만 명, 사망자는 3만 명에서 5만 명으로 추측된다고 한다. 그 많은 사람이 1894년 말에서 1895년 초까지 반년도 안 되는 기간에 죽었다. 홋카이도 대학에서 유해로 발견된 동학농민군도 그 안에 있었다.

1906년 9월. 일본의 농업 기사이자 '채집자' 사토 마사지로佐藤正次郎가 진도에 도착했다. 당시 일본은 미국과 인도 등에서 면화를 수입해 썼는데, 그 때문에 무역수지에 부담을 느끼고 있었다. 본토에서 미국산 면화를 심으려 해도 풍토가 맞지 않아

---

* 1885년 일본과 청이 맺은 조약으로 조선에 군대를 낼 때 청일 양국이 동시에 파병하고 동시에 철수한다는 합의를 골자로 한다.

번번이 실패, 그렇다면 조선 땅에서 기른 후 다시 일본으로 공수하는 건 어떨까? '면화 시험 재배장'은 전라남도 일대로 낙점되었다. 그곳은 동학농민군이 봉기를 한 곳이자, 끝까지 항전하다 섬멸당한 지역이었다. 게다가 농민들은 자기 가족이 지어 입지도 못하는 면에 귀중한 땅을 내어주기 싫었다. 그래서 장려금도 주고 면화 재배가 나라(물론 일본이다)에 얼마나 큰 도움이 되는지 홍보도 할 겸 파견된 사람이 사토 마사지로였다.

그는 면화 밭을 비롯해 진도 이곳저곳을 둘러보다가 산기슭에 아무렇게나 버려진 유골들을 발견했다. 십여 년 전 진도에서 항쟁했던 동학농민군의 유해였다. 그동안 누구도 이를 수습하지 않은 까닭을 알 수는 없었지만, 사토는 그중 지도자로 알려진 이의 수급을 '채집'하고 이를 일본으로 반출했다. 그 유골이 바로 홋카이도 대학에서 발견된 두개골 중 하나였다. 사토 마사지로의 고향이 홋카이도였고, 그는 홋카이도 대학의 전신이었던 삿포로 농학교札幌農学校의 졸업생이었다.

지배의 역사

삿포로 농학교의 초대 교장이었던 윌리엄 클라크는 불모의 땅을 개척하는 불굴의 기개, 모험심, 도전 정신만을 바랐을지 모른다. 하지만 이 야망엔 희생양이 필요했다. 홋카이도엔 아이누

라는 토착민이 있다. 흔히 와진和人이라 불리던 본토의 일본인들은 '미개한' 아이누를 관리 대상으로 놓았다. 땅과 재산을 몰수* 하고 전통과 문화를 본토식으로 바꿨다. 이것은 후에 조선으로 이행된 일본의 식민지 지배 방식이었다. 홋카이도는 낙농업, 광업, 어업 등 일본 경제의 기반이었던 동시에 어떻게 하면 다른 나라를 효과적으로 식민지화 시킬 수 있을지 연구하던 거대한 실험장이었다.

윌리엄 클라크는 기독교 정신으로 삿포로 농학교를 이끌었고, 학풍 또한 서구의 대학처럼 자유로운 편이었다. 본래 삿포로 시계탑이 있던 자리에 문을 열었던 학교는 1903년에 현재 위치로 이전됐는데, 당시에도 고즈넉한 캠퍼스는 지금과 크게 다르지 않았다. 이 평화로운 캠퍼스에서 교수들은 식민지학을 연구하고 야망의 공을 넘겨주었다. 이들을 비난하는 학생들도 있었지만, 미개한 식민지에 일본의 '빛'을 전해야 한다는 망상에 빠진 추종자들이 더 많았다.

1995년 후루카와 기념 강당에서 발견된 두개골에 대한 조사를 이끌었던 학자 이노우에 가쓰오井上勝生는 군인도 아닌 사토

---

* 아이누 민족은 홋카이도 개척 초기부터 공유 어장과 공동어업으로 공유 재산을 쌓았는데, 이를 일본인들이 강제로 위탁 관리하며 탕진했다. 뒤에 언급할 '삿포로제당회사' 같은 곳이 아이누 민족의 재산을 유용한 장본인이었다.

마사지로가 동학농민군 지도자의 두개골을 모교에 전달한 이유가 식민지학에 있을지 모른다고 추측했다. 이른바 '두개골학'이라 불리던 식민지학의 한 분과에선 두개골을 통해 지구상 민족들의 선천적인 우열을 증명할 수 있다고 주장했다. 대나무 창으로 기관총에 맞섰던 '우매한 동학군'의 두개골을 조사하면 조선인이 얼마나 미개한 인종인지 증명할 수 있다는 것이었다. 그리고 그 실험실에는 이미 아이누 민족의 유골 천여 구가 뒹굴고 있었다. 홋카이도 대학은 뒤늦게 사과 성명을 발표했고, 동학농민군의 유해는 1996년 한국으로 봉환되었다.

언젠가 아이가 배우고 잊지 않아야 할 역사, 그리고 내가 손가락으로 가리켜야 할 방향을 되새기며 캠퍼스 안쪽으로 향했다. 사람들은 느릅나무가 좌우로 심긴 중앙 도로를 따라 걷거나 조깅을 했다. 교내를 달리는 자동차는 아주 조심스럽게 속도를 줄여 그들을 방해하지 않았다. 만화 캐릭터의 탈을 쓰거나 옷을 입고 삿포로 시내 곳곳을 돌던 십 대 학생들 수십 명이 마침내 대학 캠퍼스에 도착해 구호를 외치고 흩어졌다. 그들은 시내에서 우연히 마주쳤을 때부터 지금까지 내내 해맑게 웃으며 나로선 목적을 알 수 없는 그들의 하루를 빛내고 있었다. 자전거는 무심한 종소리를 남기고 멀어졌다.

내가 양팔을 벌리고 나무 사이를 달리자 아이도 날갯짓을 하며 따라왔다. 공원, 숲, 맑은 공기와 선선한 바람을 기다려 왔던 건 아이만이 아니었다. 나는 감사해야 할지 화를 내거나 두려워해야 할지 모른 채 고개를 들었다. 녹음은 싱그러웠고, 줄곧 중립이었다.

オホーツク
おこっぺ
有機のむヨーグルト
おこっぺ
有機ヨーグルト
最高金賞

양과 맥주의 시간

교정을 나서고 얼마 지나지 않아 아이는 유모차 안에서 잠이 들었다. 자못 평화로운 시간을 보냈지만, 그 너머의 평화가 찾아왔다. 나와 아내는 한숨 돌리며 목적도 없이 도시의 외진 결을 따라 걸었다. 아이들은 잘 때 가장 예쁘다는 말은 마냥 우스갯소리가 아니었다. 고집부리고 소리 지를 땐 엉덩이를 때려주고 싶다가도 이렇게 졸음을 못 이기고 허겁지겁 잠이 들면 이유도 없이 미안해진다. 아이는 하루에도 몇 번씩 감정의 양극을 오가게 하는 놀라운 존재다.

종일 힘 넘치는 아이를 쫓아다니던 부모는 이 기회에 서둘러 기력을 회복해야 한다. 두세 시간 후에 깨어날 아이와의 후반전이 약속되어 있기 때문이다. 아이와 여행을 하면 이게 여행인지 낯선 땅에서 돈 주고 자초한 시련인지 모를 때가 많다. 아내와 함께 둘만의 여행, 둘만의 시간을 떠올리다가 그게 참 멀어져 버렸다며 웃는다. 비행기 표나 방을 검색할 때도 성인 둘에 아동 하나를 자연스럽게 입력한다. 새로운 시절에 완벽히 적응해 버렸다.

"양고기 먹을까?"

"유명한 덴 좁고 대기도 많아서 애랑 같이 가기 쉽지 않겠던데."

SNS에서 태그되는 동네의 골목 식당, 카페, 술집 대신 아기

의자가 있고 적당히 아이 데려온 손님들도 앉아 있을 만한 곳으로 우리의 외식 스타일은 점점 옮겨가고 있었다. 지금까지 우리가 여행한 곳들은 대체로 아이에 관대한 편이었다. 일본도 그런 곳 중 하나였다. 일 인석에 앉아 한 그릇 후딱 먹고 나가야 할 것 같은 식당에서 어린이 의자를 꺼내 준 적도 있었다.

어쩌면 서울이 지나치게 빡빡하거나 우리가 지나치게 신경 쓰는 것일지도 모른다. 그래도 아이와 함께 이른바 '핫'한 곳에 나타나는 부모는 남들의 값비싼 여유를 방해하는 죄인이 되는 건 분명하다. 나는 그런 세상의 흐름을 지지할 수도, 반대할 수도 없는 몸이다. 그저 알아서 피하거나 단 몇 분 만이라도 아이가 얌전히 있어 주길 바랄 뿐.

주말이었고, 주말은 외식의 날이다. 평일 낮에 왔을 땐 삿포로 가든파크サッポロガーデンパーク가 이렇게 혼잡한 곳인 줄 몰랐다. 둘이나 셋은 물론 네다섯 명 넘게 웅성거리는 가족 모임도 많이 보였다.

삿포로 맥주 박물관サッポロビール博物館과 비루엔サッポロビール園으로 나뉘는 가든파크는 길 건너편부터 압도해 오는 빨간 벽돌의 응집체가 참으로 인상적이다. 우뚝 선 빨간 굴뚝 옆으로 영롱한 낮달이 떠 있으니, 나는 그 시적인 장면에서 얼른 차가운 맥주를 들이켜고 싶은 참을 수 없는 욕구를 느꼈다. 별명부터 '빨간 벽

돌'인 홋카이도 구본청사와도 비견할 만한 이곳은, 사실 그보다 훨씬 호사스러운 곳이다. 외벽을 두른 벽돌을 전부 유럽에서 수입해 왔기 때문이다. 원래 이 건물을 세웠던 삿포로제당회사는 방만한 경영과 각종 비리와 범죄로 20년도 안 되어 도산했다. 그들은 이 도시에 유럽풍이 아니라 진짜 유럽을 남겨 놓았다.

박물관 시음장부터 비루엔까지 대부분 만석이었다. 우리는 유일하게 빈자리가 있던 가든그릴관ガーテングリル에 자리를 잡았다. 가든파크를 통틀어 모두 다섯 군데의 연회 홀이 있는데, 저마다 메뉴가 조금씩 달라 편차가 있는 모양이었다. 가든그릴은 관내의 정원이 그대로 내다보이는 큰 창이 매력적인, 삿포로에서 들어가 본 중 가장 고급스러운 분위기였다.

모둠 양고기와 채소, 생맥주와 차가운 우롱차를 주문하고 나와 아내는 모처럼 한가로운 시간을 맞이했다. 둘만의 시간이 원래 이렇게 조용했던가. 아이에게 쏠리던 정신이 오늘 처음으로 서로에게 닿았다. 우리 사이에선 양고기가 익어 가고, 배기구는 급하게 냄새를 빨아들이되 식욕을 돋울 정도의 기쁨은 남겨두었다. 그동안 걸었던 곳들, 아이가 웃겼던 순간들, 그냥 지나쳤지만 되돌아보니 인상적으로 다가오는 장면들에 관해 이야기했다. 통유리 너머로는 맥주에 취한, 맥주에 취할 달뜬 얼굴들이 지나다녔다. 해가 저물자 어둠도 아니고 빛도 아닌 푸르스름한 기운이 창 안쪽으로 천천히 스며들었다. 반대로 실내에서 흘

러나간 조명은 포석 위로 잰걸음 치는 사람들을 한 번씩 껴안았다 놓아주었다. 그들이 지나가도 그들의 잔상이 창 위에 어른거렸다. 언젠가 저 박물관 안에서 본 적 있는 작은 맥주 요정처럼 이 순간만큼은 삶을 긍정하는 존재들이었다.

"아까 거긴 정말 숲이나 공원같이 한적하더라. 아이가 어찌나 좋아하던지……."

역사의 인격과 집단의 인격, 그리고 개인의 인격을 구분하는 것이 내게는 아무리 시간이 흘러도 쉽지 않은 일일 듯하다. 개인과 개인으로 만나는 접점이 늘어났고, 우리가 먹을 물고기를 손수 가져다 보여준 백반집 아저씨처럼, 정형화된 예의로 새 잔의 맥주를 가져다준 매니저처럼, 직원끼리 저녁을 먹으러 왔는지 유니폼 차림으로 제 몫의 접시만 묵묵히 구워 먹는 옆자리 손님들처럼, 모두가 저에게 어울리는 거리를 알고 있었다.

무엇보다 지금은 아내를 오래 지켜봐야 할 시간이다. 이제 몇 분 후면 둘만 먹고 아이에겐 고기를 먹이지 못했다며(안 먹었을 게 뻔하지만) 미안해질 테고, 바로 몇 분 거리에 있는 쇼핑몰로 들어가 늦은 저녁을 먹이기 위해 씨름하는 장면이 펼쳐질 것이고, 장난감 코너에서 한참 서성이는 아이를 따라다니며 어디까지 사 줘야 하고 어디쯤에서 강경하게 나가야 할지 고민할 시점이 닥칠 것이다. 그래서 잠시 다가와 준 이 여유로운 순간에 전념해야 한다. 어쩌면 이 틈은 아이가 어리숙한 부모와의 여행을 이어가기 위해 계획해 둔 일정이었을지 모른다고 나는 슬쩍 감탄도 해 보았다.

サッポロ

13. 내일의 집

바닥은 천장에 달린 조명이 몇 개인지도 셀 수 있을 만큼 매끈했다. 들릴 듯 말 듯 음악이 흐르는 실내는 사람이 활동하기 가장 좋은 습도와 온도와 조도가 유지되는 수족관 같았다. 이 완벽한 환경에서 벗어나지 않는 자발적 예속, 완벽한 삶이란 바로 이런 장소에서 시작되는 거라는 끊임없는 속삭임.

쇼핑몰을 짓고 운영하는 이들에게 지구 전체를 맡기면 어떨까. 사막 한가운데 얼음과자 가게, 모래 스포츠 용품점, 사막 투어 여행사, 자외선 차단 제품, 감자 팩을 발라주는 피부 관리실을 세워 놓고 낙타를 타고 지나는 사람들의 지갑을 열게 하는 기적이 일어날지도. 쇼핑몰의 운영자들은 뭔가를 팔 수만 있다면 그게 어디가 됐든 뭔가를 사기에 가장 적합한 환경으로 만들어 놓을 것 같다.

삿포로 맥주 박물관 바로 옆에 있는 아리오アリオ나 우리 집에서 각각 15분 거리에 있는 세 군데의 쇼핑몰이나 차이가 없었다. 오히려 비교적 최근에 지어진 집 주변 쇼핑몰들이 규모나 화려함, 편의성 면에서 앞서 보였다. 아리오 2층에 있는 장난감

전문점 토이저러스ToysЯus는 집 근처 쇼핑몰 중 한 곳에도 입점한 매장이었다. 일본산이 아니면 가격도 한국이 더 싸구나, 어떻게 토미카도 한국이 더 저렴하지, 장난감 천국에 정신이 팔린 아이를 보며 나는 그래도 뭔가 하나 들려줘야 무사히 나갈 수 있겠다고 체념하는 중이었다.

그때, 유모차를 끌고 한 일본인 부부가 매장 안으로 들어왔다. 종일 집 밖에 있었고 막 저녁도 먹었는지 몹시 지친 기색이었다. 유모차에 앉아 있는 아이는 찻잔 속 국화처럼 활짝 핀 얼굴로 당장 자리를 박차고 일어날 기세였다. 그들이 왜 이곳에 들어왔는지 알 것 같았다. 아이를 장난감 진열장에 풀어놓으면 잠시 쉴 틈이 생기는 것이다. 아이에게 뭔가를 사 줘야 한다면, 그건 휴식의 대가였다. 우리도 똑같은 얼굴을 하고 있었다. 도시에 사는 가족이 여가를 즐기는 방법이었다.

여행의 끝이 보였다. 쇼핑몰이라는 공간을 통해 일상이 우리를 마중 나와 있었다.

이상적인 장소

좋은 구두가 주인을 좋은 곳으로 데려간다는 말처럼 좋은 장소가 좋은 날들을 보장할 수도 있다. 그래서 나와 아내는 이상적인 장소에 관해 자주 이야기 나누곤 한다. 그곳은 도시 같지만 도시가 아닌 어딘가 – 안락하지만 편리하고 자극을 받을 만한 무언가도 근접한 곳이다. 말 그대로 이데아, 손끝에 닿을 수 있을지조차 모를 공간.

지금 사는 집에 불만이 있는 것은 아니다. 아이가 거실과 부엌 사이를 전력 질주할 때마다 아래층에서도 전력 질주로 올라올 듯한 불안에 빠지긴 하지만, 건물은 대체로 조용하고 동네는 청결하며 안전하다. 솜씨 좋은 식당과 커피 맛 좋은 카페 몇 군데도 걸어서 갈 만한 거리에 있다. 교통도 편리한 편이다. 그런데도 우리는 살아 봤으면 하는 곳을 끊임없이 화제에 올린다. 가끔은 아예 다른 나라로 가 버리자는 꿈에 부풀었다. 그럴 땐 복권을 사기도 했고, 우리가 배울 수 있는 기술이 무엇일까 곰곰 생각해 보기도 했다.

삿포로에서 며칠간 빌린 집을 정리하면서 이게 우리 집이면 어떨지 상상했다. 현관을 들어서면 협소한 세탁실과 길쭉한 욕실이 나오고, 중문을 열면 가릴 것도 보탤 것도 없는 원룸이 나타나는 구조였다. 요리를 할 때마다 구석까지 음식 냄새가 배긴 하겠지만, 세 가족이 살기에 나쁘지 않은 크기였다.

"위치는 정말 좋지. 시장도 가깝고 역도 가깝고 놀 데도 가깝고."

"매주 파르페를 먹어서 살도 찌겠지만."

캐리어 두 개, 손가방 세 개. 모든 세간 다 털어서 이 정도만

나온다면 미니멀리즘을 추구하며 산다고 말할 수 있을까? 아무래도 관조적인 삶은 나와 어울리지 않는 것 같다.

아이는 이미 옷을 다 차려입고 입구에 서서 우리를 기다리고 있었다. 들어왔던 날의 수준으로 깨끗해진 방은 컴컴한 어둠으로 돌아갔다. 또 하나의 집과 작별하는 순간이었다. 며칠이나 되었다고, 섭섭한 마음이 들었다. 또 하나의 가능성이 문 뒤로 남겨졌다.

숲속의 거울

시애틀과 포틀랜드, 치앙마이, 교토, 고베, 오키나와. 나와 아내가 결혼 후에 함께 갔던 곳들이다. 흔히 말하는 '라이프스타일'이 뚜렷한 사람들, 돈을 많이 벌진 못해도 제 삶에 만족하는 사람들, 매일 크고 작은 꿈을 실현하면서 사는 사람들, 그냥 내키는 대로 무언가를 만들었을 뿐인데 다른 이들이 그걸 좋아하게 되는 기적 같은 사람들이 모여 사는 도시였다. 여행은 늘 값비싼 환상이었지만, 우리의 시각이 조금씩 달라진다는 것만으로 시도해 볼 만한 '무리'였다.

삿포로는 유일하게 그런 목적과 거리가 먼 곳이었다.

코인 로커에 짐을 맡기고 마루야마 공원역[円山公園駅]에 내렸다.

모리히코森彦라는 작은 카페에 가 보려는 참이었다. 말이 작은 카페지 여기서 번 엄청난 돈으로 홋카이도 곳곳에 지점을 낸 곳이었다.

모리히코가 있는 동네는 마루야마 공원과 동물원으로 유명하다. 하지만 거기까지 발길이 닿지 않아도 무방할 이야기가 잔뜩 숨어 있었다. 역 주변 주택가엔 새로 지어져 말끔한 건물들, 유럽풍으로 멋을 부린 저택들, 고인 시간을 마시며 자란 넝쿨이 고스란히 벽이 된 고택들이 두런두런 모여 있었다. 그 사이사이로 매력적인 가게들이 숨어들었으며, 누군가 잘 가꾸어 놓은 정원은 우리의 마음을 끌었다.

우리가 바라는 이상적인 장소가 여기 아닐까? 모리히코에 앉아 차를 마시며 아내는 처음으로 삿포로에서도 살아 볼 만할 것 같다 말했다. 현관문은 아치형에 청록색이나 빨간색으로 칠했으면 좋겠어. 아내는 점원을 부를 때 쓰라고 놓아둔 듯한 탁상종을 가리켰다. 이 종처럼 구식 초인종을 문에 달고, 창문이 아주 크면 좋을 것 같아. 하얀 커튼을 달고 창가에 앉아 일광욕을 할 거야.

한쪽 벽에 놓인 거울에 비친 우리를 보았다. 그리고 가만히 종을 울려 보았다. 정말로 삿포로에서 살아 보는 것도 나쁘진 않겠다. 여긴 사춘기 일기장 같은 부끄러운 날들의 상징이니까. 그 부끄러운 책장을 지금 한 글자 한 글자 새로 쓰고 있으니까.

인파가 빗자루에 쓸려나간 텅 빈 스스키노 거리를 걸으며 숨

통을 트고, 선로를 따라 도는 노면전차에 올라 목적 없이 시내를 한 바퀴 돈다. 두 달에 한 번은 아이와 노리아 관람차에 올라 아롱거리는 도시의 야경을 내려다보고, 눈 쌓인 날에는 집에 가져갈 빵 봉지를 만지작거리며 지하 보도를 걷는다. 집에 도착해 봉투를 열면 갓 구운 빵 냄새에 머리가 아찔할 것이다. 숱한 꼬칫집, 허름한 라멘집에서 식사가 나오기 전에 생맥주 한 잔을 먼저 비우는 저녁도 있다. 봄날, 아이는 오도리 공원 분수대를 뱅글뱅글 돌 것이고 나카지마 공원中島公園의 연못에서 보트를 태워주는 날도 있을 것이다. 삿포로 돔札幌ドーム에서 지금까진 관심도 없던 야구 경기를 구경하다 홈런 볼을 보며 소설을 쓰기로 했다는 에피소드도 만들어 보고 싶다. 추억에 젖고 싶으면 오타루행 열차에 오르고, 새로운 추억을 만들고 싶으면 하코다테행 JR 티켓을 산다. 아직 가보지 못한 아사히카와旭川, 비에이, 후라노富良野, 오비히로帯広, 구시로釧路, 네무로根室, 왓카나이稚内 같은 도시를 향해 달리고, 그때에도 목적지보다 거기까지 가는 시간에 더 많은 인상을 받을 것이다. 아내를 위해 이름 모를 숲도 자주 찾아가고 싶다. 물론 아주 멀리 가진 못할 테지만, 결국 도시의 경계 안으로 돌아와 천천히 일상을 반복할 테지만, 우리끼리 아내의 이름을 붙인 숲길 하나쯤 만들어 놓을 수도 있겠다.

그렇게 몇 년이 지난 후, 마침내 삿포로를 떠날 날도 올 것이다. 북쪽 바다를 건너 더 추운 곳으로, 아니면 일 년 내내 낮 기온이 삼십 도를 웃도는 아열대의 섬으로, 아니면 우리가 처음 여행했던 도시로. 삿포로는 기착지였다. 엄두가 나지 않을 만큼 먼 곳에 닿기 위해 거쳐야 하는.

삿포로에 도착한 날은 꼭 초겨울 같았는데, 떠날 날이 되자 완연한 봄이다. 불과 며칠 사이에 계절 하나가 지나가 버렸다. 도시는 기지개를 켜듯 어느새 부쩍 자란 나무와 꽃, 한결 가벼워진 옷을 입은 사람들을 들여다본다.

약간 더 늘어난 짐을 끌고 왔던 길을 거슬러 공항으로 간다. 그래도 한결 쉬워진 느낌이다. 마지막까지 아이를 달래 주는 건 곤약 젤리다. 이렇게 타협하는 부모가 되면 안 된다고 애달면서도 아이의 달뜬 얼굴을 보는 게 좋다.

별로 배가 고프진 않았지만 연어 알이 들어간 덮밥을 먹었다. 뒤늦게 선물로 돌릴 과자를 사들이고 남은 동전으로 차가운 커피를 마셨다. 우리를 태울 비행기는 막 도착해 숨을 고르고 있었다. 잠시 온천 여관의 다다미 깔린 거실과 맨션의 원룸을 떠올려 보았다. 하코다테의 낡아빠진 정거장, 새벽의 물소리, 관람차와 빨간 자동차, 발밑에서 넘실거리는 바다와 느릅나무의 숲.

오래전 나와 그녀가 택했던 길에 오늘 아내와 함께 서 있고, 저 앞에는 우리의 아이가 천천히 걸어갔다.

19R A1

여행 이후의 시간은 빠르게 흘러갔다.

기념품은 신속하게 주변으로 전달되었고,

우리 몫의 간식은 금세 바닥을 드러냈다.

계절이 또 바뀌었다.

어떤 날엔 달력을 보며

지금쯤 삿포로엔 폭설이 내리고 있겠군,

지나가듯 중얼거리기도 했다.

그러면서 우리는 새로운 여행지를 손에 꼽기 시작했다.

시간과 비용이 가까스로 맞춰질 시기를 조심스레 점쳤다.

삿포로에 다시 가자는 말은 나오지 않았다.

그러던 어느 날,

아내가 책장에서 먼지 쌓여가던 책을 꺼내 펼쳐 보였다.

사진 속엔 우리가 가지 못했던 비에이의 외딴 나무가 담겨 있었다.

몇 번이나 고민하다가 접었던 일정.

삿포로보다도 그 나무가 더 보고 싶었다.

그 완만한 언덕 사이에 난 길로 운전대를 돌리고 싶었다.

언제나 차를 타고 여행할 때는 도로에서 벗어나질 못했는데,

저곳에서만큼은 지도에 그려지지 않은 선을 따라

달려보고 싶었다.

아내는 홋카이도를 다녀오고 나서

자신이 숲을 좋아한다는 것을 확실히 알게 되었다.

숲에 가고 싶어, 그게 어디든.

아내를, 그녀를 크리스마스트리처럼

눈이 잔뜩 쌓인 침엽수림 사이로 걷게 해 주려 한다.

저 멀리 호수의 끝자락이 보이는 곳에서

아지랑이처럼 넘실거리는 숲의 그림자를

오래도록, 아주 오래도록 바라보게 해 주려 한다.

그게 2월의 홋카이도나 8월의 홋카이도가 될는지는 모르겠다.

혹여

눈이 오지 않고

꽃도 대부분 져버렸다 하더라도

우리가 찾는 이야기는 지금까지와는 다른 모습일 것이다.

당신도 삿포로를 좋아했으면 좋겠어.

아내의 마음속엔 지금 어떤 대답이 들어 있을까?

郵〒便
POST

참고도서

- 마르셀 에메, 『벽으로 드나드는 남자』, 문학동네, 2002
- 이병률, 『바람이 분다 당신이 좋다』, 달, 2012
- Ann B. Irish, 『Hokkaido: A History of Ethnic Transition and Development on Japan's Northern Island』, McFarland, 2009
- 이유진, 『중국을 빚어낸 여섯 도읍지 이야기』, 메디치미디어, 2018
- 송하엽, 『랜드마크 ; 도시들 경쟁하다』, 효형출판, 2014
- 해나 벨튼, 『밀크의 지구사』, 휴머니스트, 2012
- 무라타 사야카, 『편의점 인간』, 살림, 2016
- 전상인, 『편의점 사회학』, 민음사, 2014
- 김애란, 『달려라 아비』, 창비, 2005
- 박용민, 『맛으로 본 일본』, 헤이북스, 2014
- 송인희, 『홋카이도, 여행, 수다』, 디스커버리미디어, 2015
- 밀란 쿤데라, 『느림』, 민음사, 2012
- DK Publishing, 『My first farm book』, DK Children, 2000
- 이노우에 가쓰오, 『메이지 일본의 식민지 지배』, 어문학사, 2014
- 강준만, 『한국 근대사 산책 2권 - 개신교 입국에서 을미사변까지』, 인물과사상사, 2007
- 이안 부루마, 『근대 일본』, 을유문화사, 2014